职业教育活页式新形态系列教材
职业教育自动化类专业系列教材
基于工作过程的工作页式系列教材

电气系统安装与调试

山东莱茵科斯特智能科技有限公司　组　编
潘学海　韩羊羊　任国华　主　编
曾照香　郭　洋　蒋修明　黄丙超　副主编

電子工業出版社
Publishing House of Electronics Industry
北京·BEIJING

本书是在多年双元制教学改革实践的基础上编写而成，是校企合作专业共建成果之一。

本书共分为 5 个学习情境，即切割机控制电路安装与调试、循环水冷却系统控制电路安装与调试、平面磨床自动往返控制电路与调试、大功率风机启动电路安装与调试、排污泵设备安装与调试。每个学习情境由学习目标、情境描述、工作过程、资料页四个模块组成，其中工作过程按照"六步法"进行内容组织。

本书可作为职业院校自动化类专业教材，也可作为企业技术人员的岗前培训用书。

图书在版编目（CIP）数据

电气系统安装与调试 / 潘学海，韩羊羊，任国华主编 . —北京：电子工业出版社，2023.10

ISBN 978-7-121-44907-9

Ⅰ．①电… Ⅱ．①潘… ②韩… ③任… Ⅲ．①电气设备—设备安装 ②电气设备—调试方法 Ⅳ．①TM05

中国国家版本馆 CIP 数据核字（2023）第 015371 号

责任编辑：孙　伟　　　文字编辑：朱怀永

印　　刷：天津画中画印刷有限公司

装　　订：天津画中画印刷有限公司

出版发行：电子工业出版社

　　　　　北京市海淀区万寿路 173 信箱　邮编：100036

开　　本：787×1092　1/16　印张：9.25　字数：236.8 千字

版　　次：2023 年 10 月第 1 版

印　　次：2023 年 10 月第 1 次印刷

定　　价：38.00 元

凡所购买电子工业出版社图书有缺损问题，请向购买书店调换。若书店售缺，请与本社发行部联系，联系及邮购电话：(010) 88254888，88258888。

质量投诉请发邮件至 zlts@phei.com.cn，盗版侵权举报请发邮件至 dbqq@phei.com.cn。

本书咨询联系方式：(010) 88254609，zhy@phei.com.cn。

前　言

电气系统安装与调试是自动化类专业学习领域的实践课程，是岗位能力学习的必修课程。 本课程主要培养学生的安全用电意识，电路图分析、电气线路安装与应用、电气设备检修与调试等专业能力，以及团队协作、沟通表达、责任心、职业规范和职业道德等职业素质。在学习过程中，以学生为主体，引导学生在行动中有目的地进行学习，通过讨论、展示等环节，充分激发学生独立完成任务的积极性和成就感，提高学生的自学能力，培养具有良好职业综合能力的复合型人才。

本书主要内容包括切割机控制电路安装与调试、循环水冷却系统控制电路安装与调试、平面磨床自动往返控制电路安装与调试、大功率风机启动电路安装与调试、排污泵设备安装与调试 5 个学习情境。建议学时为 84 学时，具体学时分配见下表。

学习情境	建议学时数
切割机控制电路安装与调试	20
循环水冷却系统控制电路安装与调试	12
平面磨床自动往返控制电路安装与调试	20
大功率风机启动电路安装与调试	16
排污泵设备安装与调试	16

在本书编写过程中，坚持从自动化类专业所需的综合职业能力出发，采用"以培养职业能力为核心、以工作实践为主线、以经典项目为载体、以完整的工作过程为行动体系"的理念进行内容设计。内容选择和编排上力求满足从"教师传授"逐步过渡到"教师引导学生独立思考"，以培养职业岗位能力为基本目标，做到既为学生的后续课程服务，又能为学生今后从事电气产品的组装与调试、电气设备的操作与维护等工作奠定基础。全书围绕"学习情境"（项目化教学）展开，涉及的教学方法从四步法、引导法、分组讨论法逐步过渡到六步教学法，最终转向"以学生为中心"的教学方法，以期最终使学生具备基本的动手能力、独立制订计划的能力、独立实施计划和检测评估的能力。

本书是校企合作专业共建成果之一，经过多轮实践教学检验，并反复修改，教学效果优良。

因作者水平有限，书中难免有疏漏之处，恳请读者批评指正。

目　　录

课程导读

一、培训目标

针对不断变化的劳动环境，通过规范的教育过程，传授符合要求的、进行职业活动所必需的职业技能、知识和能力。

双元制职业教育以培养职业行为能力为本位，培养解决问题的能力，在注重综合职业能力培养的同时，强调关键能力的培养。为企业提供符合其需求的、具有较强技术理论基础、实践技能和应用能力，服务于生产管理第一线的应用型人才。

二、实操方法

"育人为本，德育为先"，双元制教育渗透了以人为本的思想，着重培养学习者的学习能力和工作能力，强调学习者职业习惯的养成和职业能力的培养，着力培养学习者的终生学习意识。

采用"行动导向"教学方法，使学习者能在未来的职业生涯中独立地制订工作计划，并能独立地进行实操和评价，落实"为行动而学习，通过行动来学习，行动既学习"理念。

行动导向法，打破传统的学科体系，按照职业工作过程来确定学习领域，设置学习情境，开展教学活动。教学内容以职业活动为核心，注重学科间的横向联系。遵循"实践在前，知识在后"的原则，让学习者先在做中学，然后学中做，先知其然，再知其所以然。

通过解决接近实际工作过程的案例和项目，以学习者为中心，以小组学习的形式进行，强调学习过程的合作与交流，引导学习者进行探究式、发现式学习，使学习者解决实际问题的综合能力得到锻炼和提高，个性得到全面发展。

一方面，运用理论来指导实践，强调理论必须在实践中得到验证，并通过实践加深对理论的理解；另一方面，系统化的教学内容突出学以致用的实用性，督促学习者反复练习，强化技能以达到符合要求的程度。

三、教学过程

1. 收集信息

使学习者了解任务的相关要求，结合自己所掌握的专业知识，根据任务描述独立进行相关信息的收集、分析及整理。

2. 制订计划

使学习者根据任务描述及已整理好的信息，围绕工作目标独立地制订工作计划，计划内容包括计划项目、工作时间、元器件清单等。

3. 做出决策

由教师组织学习者做出决策，学习者需要描述对任务的理解，展示具体任务实操的方案，并得到教师认可。

4. 实操计划

在教师的监督下，学习者根据经过教师认可的方案进行实操，并记录实操过程中的关键信息。

5. 检查

学习者在完成某个阶段任务或全部任务后，独立进行自我检查评估，并对没有达到目标的事项及时进行分析并制定改进或补救方案。

6. 评价

在计划完成后，由教师对学习任务进行总结，针对整个实操过程进行点评，并对学习者今后的工作提出合理意见。

四、评价方式

1. 评价目的

培养学习者的质量意识和操作熟练度，培养学习者在工作中运用多种方法和策略进行任务实操，探索提高工作效率的方式方法，使学习者在不断探索和不断评价的轮回中，培养终身学习意识。

评价分为过程评价和结果评价。

2. 过程评价

教师根据学习者实操情况给出相应的评估分数，评估的重点是实操的规范、技巧、安全要求及分析故障和排除故障的能力。

3. 结果评价

结果评价分为自评与教师评价，自评是学习者对自己进行的客观评价，促进自我检查的习惯和质量意识的养成，教师评价的主要目的是验证学习者是否做到公正、准确。

五、职业中的行动能力

1. 行动能力的定义

一个人在适当情况下，以独立自主、负责任和适当的方式解决问题和任务的能力。

2. 行动能力的构成

完整的行动能力包含四个部分，即专业能力、方法能力、社会能力、个人能力。

3. 专业能力

能以口头和书面的方式表达自己已掌握的专业知识；

能通过所学知识解决工作任务中的专业问题；

掌握和学业水平等同的知识；

能独立自主地运用已学到的技能；

能在解决新问题中运用已学到的知识。

4. 方法能力

能选择适当的项目，做出计划并进行实操；

能运用所学到的技术去解决问题；

能获得、选取并组织所需要的信息；

能用适当的媒体、媒介或载体呈现结果。

5. 社会能力

能清楚地表达自己的想法；

能在对话和交谈中占据主动；

能和别人一起完成具有建设性的合作；

能容忍别人的缺点和不足；

能虚心接受别人的意见和看法；

能考虑他人的感受。

6. 个人能力

能干净利落并准确地完成自己的工作；

能负责任地遵守规则；

不故意打扰他人，或影响他人的工作；

能做出自己的决定；

能认真地对待自己的学习。

学习情境一　切割机控制电路安装与调试

一、学习目标

1. 知识目标

（1）了解电动机铭牌上的信息。

（2）了解电气原理图中主回路与控制回路的区别。

（3）掌握按钮的工作原理。

（4）掌握熔断器的工作原理。

（5）熟练掌握接触器的工作原理。

（6）熟练掌握断路器的工作原理。

2. 技能目标

（1）能识读、分析切割机控制电气原理图。

（2）能识读接触器、断路器规格参数并进行功能检测与选型。

（3）能正确应用电工工具。

（4）能按工艺要求进行配盘。

（5）能按要求对电路进行通电前检测。

（6）能按要求对电路进行通电测试。

（7）能排除调试过程中出现的故障。

3. 核心能力目标

（1）能时刻保持对人造成伤害和对设备造成损害的外在环境条件的戒备状态，并及时消除安全隐患，使之形成习惯。

（2）能时刻保持环境整洁，并及时消除环境污染，使之形成习惯。

（3）善于查找资料，熟练应用工具书。

（4）善于独立工作，减少依赖。

（5）心中时刻有团队，团队利益至上，保持同他人或团队合作，共同完成任务。

二、情境描述

固捷工具公司正在为客户生产一批切割机（见图 1-1），现在需要安装切割机控制电路并完成检查和调试。

图 1-1　切割机

1．工作要求

（1）根据电气原理图、电动机铭牌信息确定所应用的电气元件及其规格型号。

（2）正确应用电工工具安装切割机控制电路，安装工艺符合国家及企业标准。

（3）电路安装完成后，应用检测仪表对电路进行绝缘检测及电压检测，使电路具备通电条件。

（4）对电路进行功能调试，使之符合如下控制要求：

①按下按钮 SB2，切割机启动。

②松开按钮 SB2，切割机停止。

③电源、电动机、按钮、指示灯与其他电气元件的连接需经过接线端子。

（5）工作过程遵循"6S"现场管理规范。

2．电气原理图

切割机电气原理图如图 1-2 所示。

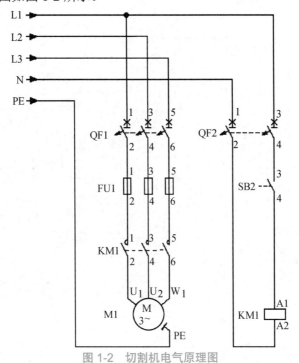

图 1-2　切割机电气原理图

三、工作过程

（一）收集信息

1. 工作引导

根据表 1-1 所列切割机电动机铭牌及切割机电气原理图（见图 1-2），分析切割机的电源规格，思考切割机电源电缆应使用几芯电缆。

表 1-1   切割机电动机铭牌

三相异步电动机					
型号	Y90L-4	电压	380V	接法	Y
功率	1.5kW	电流	3.7A	工作方式	连续
转速	1400r/min	功率因数	0.79	温度	90℃
频率	50Hz	绝缘等级	B	出厂年月	2019 年 10 月
博大电机厂			产品编号：1025		
切割机电源规格为 AC 3 相 380V					
由于切割机控制回路连接交流 220V 电源，需要中性线，加上保护接地线，电源电缆需要 5 芯电缆					

2. 工作目标分析

（1）分析图 1-2 所示切割机电气原理图，完成图 1-3 所示元器件符号连线。

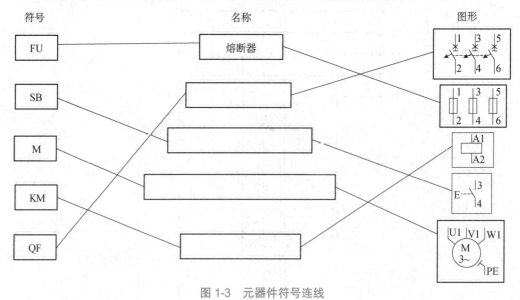

符号　　　　　　　　　　　　名称　　　　　　　　　　　　图形

图 1-3   元器件符号连线

（2）主回路、控制回路分析。

①分析主回路、控制回路，并将正确答案填入表 1-2 中。

表 1-2 主回路、控制回路分析

主回路	控制回路

A：对主回路起控制作用的回路。

B：流过电流较大，用于对电动机等主要用电设备供电，并受控制回路控制。

②在分析电气原理图时，应先分析主回路还是控制回路？说明原因。

先分析主回路，因为主回路是电器控制电路最直接的部分，分析主回路可以了解电器控制电路的基本构成。

（3）接触器认识与选型。

①将表 1-3 所列接触器部件的名称及序号填入图 1-4 所示接触器方框中。

表 1-3 接触器部件的名称及序号

名称	主电源出线口	订货号	品牌	主电源进线口	辅助触点	联动架
序号	1	2	3	4	5	6

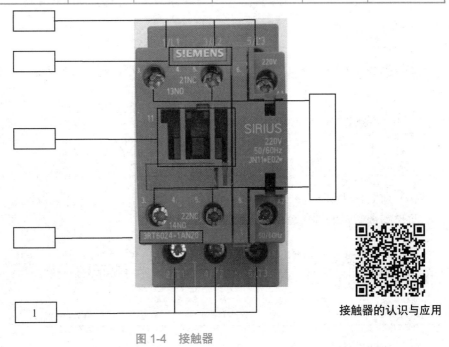

接触器的认识与应用

图 1-4 接触器

②完成接触器端子号与对应功能的连线。

L1 ——————————————— 主触头进线口

NO   主触头出线口

NC   线圈进线接线口

A1   常开触点

T1   常闭触点

③将接触器的规格参数填入表 1-4 中。

表 1-4　接触器的规格参数

规格参数	线圈的工作电压	绝缘电压	额定电压	额定电流	接触器型号
数值					

④根据表 1-1 切割机电动机铭牌对接触器进行选型，将结果填入表 1-5 中。

表 1-5　接触器选型

接触器型号	接触器额定电流	线圈电压

（4）熔断器认识。

将熔断器熔体的规格参数填入表 1-6 中。

表 1-6　熔断器熔体的规格参数

型号	额定电压	额定电流	额定分断能力

（5）按钮的认识与组装。

①将表 1-7 所列按钮部件的名称及序号填入图 1-5 所示按钮部件方框中。

熔断器的认识与应用

表 1-7　按钮部件的名称及序号

名称	按钮头	按钮基座	常开触点	常闭触点
序号	1	2	3	4

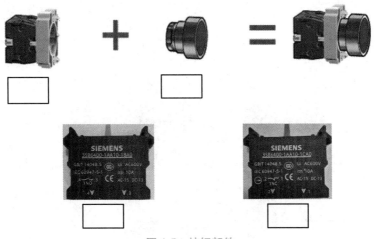

图 1-5　按钮部件

②练习组装按钮，小组内讨论安装注意事项。

_____

_____

_____

③根据按钮的功能选择合适的颜色，将结果填入表 1-8 中。（参考 GB 5226.1—2019《机械电气安全机械电气设备第 1 部分：通用技术条件》

表 1-8　按钮选型

按钮功能	颜色
启动按钮	
停止按钮	

注：颜色栏对应 A 红色，B 绿色。

④分组讨论，停止按钮与启动按钮选择触点时，应选择什么类型的触点？说明原因。

_____

_____

_____

（6）断路器的认识与选型。

①将表 1-9 所列断路器部件的名称与规格参数序号填入图 1-6 所示断路器方框中。

表 1-9　断路器部件的名称与规格参数

名称	进线口	通断指示	型号	操作手柄	出线口	额定电流
序号	1	2	3	4	5	6

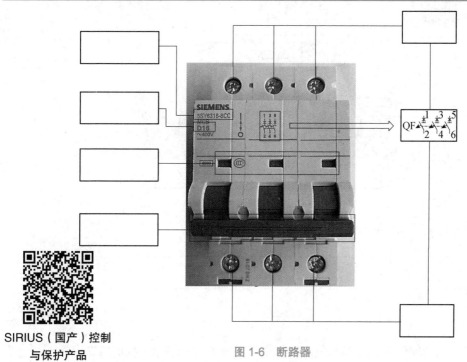

SIRIUS（国产）控制
与保护产品

图 1-6　断路器

②根据表 1-1 切割机电动机铭牌，对主回路断路器进行选型，将结果填入表 1-10 中。

表 1-10　断路器选型

断路器型号	额定电压	额定电流
5SY6306—8CC		

（7）对表 1-11 所列的电气元件动作步骤进行排序。

表 1-11　电气元件动作步骤

电气元件动作步骤	序号	电气元件动作步骤	序号
电动机 M 转动	1	松开启动按钮 SB2	5
电动机 M 停止	2	接触器 KM1 线圈得电	6
闭合断路器 QF1、QF2	3	接触器 KM1 主触头闭合	7
按下启动按钮 SB2	4	接触器 KM1 线圈失电、主触头断开	8

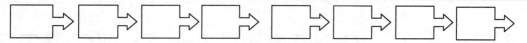

（8）接线端子功能分析。

①讨论图1-7所示不同类型接线端子的作用及应用方法，选择正确的名称填入相应括号内。

A—端子排固定件；B—接地端子；C—普通接线端子；D—双进双出端子；E—短接片。

②请描述接线端子在电路安装中的作用。

_____

_____

_____

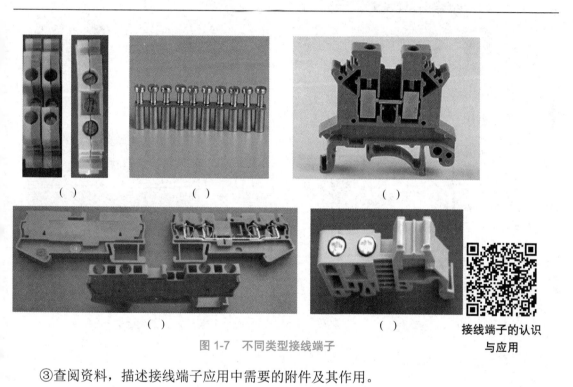

（　）　　　　　　（　）　　　　　　　　（　）

（　）　　　　　　　（　）　　　　　接线端子的认识
与应用

图1-7　不同类型接线端子

③查阅资料，描述接线端子应用中需要的附件及其作用。

_____

_____

_____

（9）线槽与切割工具认识。

①线槽切割工具有线槽切割机（见图1-8（a））、线槽剪（见图1-8（b））。

②如图1-9所示，线槽规格一般用高×宽（单位mm）表示，测量所用线槽，说明其规格。

_____

_____

_____

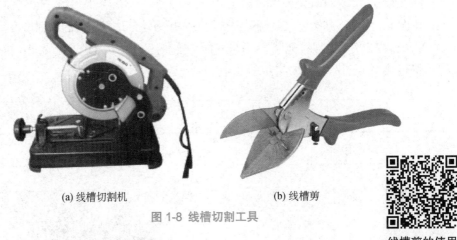

(a) 线槽切割机　　　　　　　(b) 线槽剪

图 1-8　线槽切割工具

线槽剪的使用

（10）电气安装导轨与切割工具认识。

①按图 1-10 所示，测量电气安装导轨安装孔的尺寸。

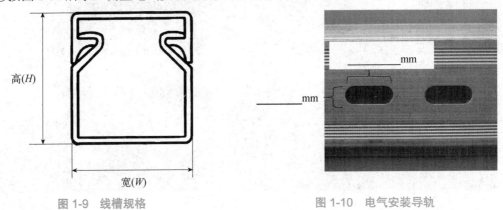

图 1-9　线槽规格　　　　　　　　　　图 1-10　电气安装导轨

②如图 1-11 所示，导轨切割工具有导轨切割机（见图 1-11（a））、手工锯（图 1-11（b））。

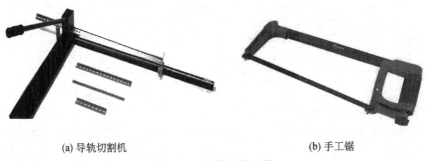

(a) 导轨切割机　　　　　　　　　　　　(b) 手工锯

图 1-11　导轨切割工具

（11）线槽、导轨安装方法分析。

①测量网孔板尺寸，将结果填写到在 1-12 中。

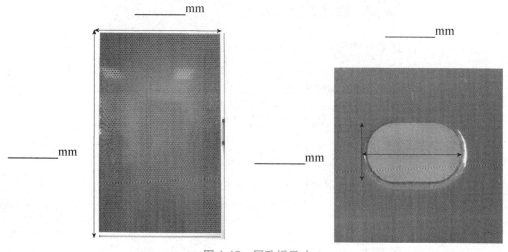

图 1-12　网孔板尺寸

②请描述螺栓规格 M4×20 的含义，结合所测量导轨、网孔板尺寸，确定螺栓规格。

_____

_____

_____

③请根据图 1-13 所示螺栓安装顺序，说明线槽、导轨安装注意事项。

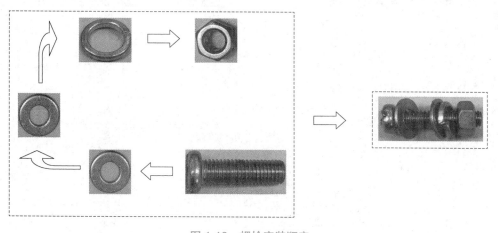

图 1-13　螺栓安装顺序

_____

_____

_____

④参照图 1-14 分析线槽、导轨固定螺栓的间距应遵循的原则。

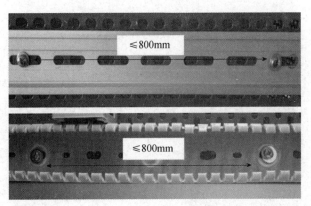

图 1-14　固定螺栓的间距

（二）制订计划

请进行小组讨论，根据表 1-12 所列格式制订合理的工作计划，并将内容填入该表中。

表 1-12　切割机控制电路安装与调试工作计划表

工作步骤	元器件/工具/材料准备清单	组织形式	计划工时
工具检查	工具检查表	个人	0.5h
元器件检查	元器件检查表	个人	0.5h
线槽与导轨的安装	电工工具	个人、小组	4h
电路安装	电工工具	个人	8h
电路检查	万用表、绝缘电阻表	个人	1h
功能调试	万用表、电工工具	个人	1.5h
完成本次任务的重点、难点、风险点识别	重点：接触器、断路器规格参数与选型，电路安装工艺规范。 难点：导轨、线槽的切割。 风险点：电工工具使用，上电检查		
环境保护	导轨、线槽废料收集与分类处理，现场地面清扫		
时间：	教师：		学生：

（三）做出决策

（1）工作计划中有些工作步骤有工艺要求，请填写表1-13所列工艺卡，明确工艺要求。

表 1-13　工艺卡

名　称	工艺卡			
课程	电气系统安装与调试	情境		姓名
班级		时间		
序号	工序内容	工艺标准	工具、仪表	备注
1	线槽、导轨安装	1. 线槽、导轨的切割面整齐、光滑 2. 导轨断面有倒角 3. 线槽、导轨安装牢固	电工工具、线槽剪、导轨切割机	
2	元器件安装	1. 元器件安装整齐牢固 2. 布局合理，安装方向正确 3. 元器件标识正确、清晰	电工工具、线号机	
3	电路安装	1. 导线布线整齐平直，绝缘层无损坏 2. 导线颜色、线径选择正确，松紧适度，留有合适余量 3. 冷压端子选择正确、压接牢固 4. 线号套管标识正确、牢固	电工工具、线号机	
4	电路检查	1. 电盘中无电线绝缘皮、碎铜丝等异物 2. 绝缘电阻≥1MΩ	万用表、绝缘电阻表	
5				
6				
7				

（2）进行小组讨论，填写表 1-14 所列工作计划决策表。

为了保证人身及设备安全，需要教师与学生共同做出决策，如果计划存在较多问题，教师对学生进行指导，学生对计划进行修改完善。

表 1-14　工作计划决策表

工作任务		小组		时间	
		小组成员			
计划	比较项目						计划确定
	合理性	经济性	可操作性	实施难度	实施时间	安全环保	
第一组	□优 □中 □差	□优 □中 □差	□优 □中 □差	□优 □中 □差	□优 □中 □差	□优 □中 □差	
第二组	□优 □中 □差	□优 □中 □差	□优 □中 □差	□优 □中 □差	□优 □中 □差	□优 □中 □差	
第三组	□优 □中 □差	□优 □中 □差	□优 □中 □差	□优 □中 □差	□优 □中 □差	□优 □中 □差	
第四组	□优 □中 □差	□优 □中 □差	□优 □中 □差	□优 □中 □差	□优 □中 □差	□优 □中 □差	
第五组	□优 □中 □差	□优 □中 □差	□优 □中 □差	□优 □中 □差	□优 □中 □差	□优 □中 □差	
第六组	□优 □中 □差	□优 □中 □差	□优 □中 □差	□优 □中 □差	□优 □中 □差	□优 □中 □差	
计划简要说明：							
组长				培训师			

（四）实施计划

1. 材料准备

填写材料表（见表 1-15）并领取材料。

表 1-15　材料表

任务	切割机控制电路安装与调试				
序号	名称	规格	单位	数量	备注
1	空开 3P	5SY6316-8CC	个	1	
2	空开 2P	5SY6220-7CC	个	1	
3	熔断器	RT28N-32X	个	3	
4	保险丝	RT28-32 16Λ	个	3	
5	接触器	3RT6024-1AN20	个	1	
6	按钮开关（绿色）	NP2-BA35（绿色 1NO+1NC）	个	1	
7	按钮盒	3 孔	个	1	
8	按钮堵头	22mm	个	2	
9	工业插座（五芯）	SFN-515	个	1	
10	工业插座（四孔）	SF-114	个	1	
11	UK 接线端子	UK-2.5B	个	18	
12	接地端子	USLKG2.5	个	2	
13	接线端子挡片	D/UK-2.5BG	个	2	
14	端子标记条	UK-B1	个	3	
15	端子固定座	E/UK	个	4	
16					
17					
18					
19					
20					
21					
22					
23					
24					
25					

2. 工具检查

正确选择实施计划需要的工具，使用过程中注意维护与保养。请对照工具检查表（见表 1-16）对工具进行检查，若有损坏请及时更换。

表 1-16　工具检查表

序号	名称	工具状态是否良好	损坏情况（没有损坏则不填写）
1	剥线钳	是 ○ 否 ○	
2	针型端子压线钳	是 ○ 否 ○	
3	斜口钳	是 ○ 否 ○	
4	十字螺丝刀	是 ○ 否 ○	
5	一字螺丝刀	是 ○ 否 ○	
6	测电笔	是 ○ 否 ○	
7	万用表	是 ○ 否 ○	
8	活扳手	是 ○ 否 ○	
9	钢丝钳	是 ○ 否 ○	
10	锉刀	是 ○ 否 ○	
11	手工锯	是 ○ 否 ○	
12	锁具（安全锁）	是 ○ 否 ○	

注：检查工具绝缘材料是否破损，工具刃口是否损坏，测电笔是否能正常检测，手工锯的锯条是否完好、方向是否正确，工具上面是否有油污，万用表电量是否充足、功能是否正常等

3. 元器件检测

（1）检测接触器，将结果填入表 1-17 中。

表 1-17　接触器检测

序号	检测项目	万用表挡位选择	检查结果
1	外观检查		
2	活动组件检查		
3	线圈控制电压		
4	线圈电阻		
5	接触器主触头 L1-T1 断开时电阻		
6	接触器主触头 L1-T1 接通时电阻		
7	接触器主触头 L2-T2 断开时电阻		
8	接触器主触头 L2-T2 接通时电阻		
9	接触器主触头 L3-T3 断开时电阻		
10	接触器主触头 L3-T3 接通时电阻		
11	接触器辅助触头 13-14 断开时电阻		
12	接触器辅助触头 13-14 接通时电阻		

（2）检测熔断器，将结果填入表 1-18 中。

表 1-18　熔断器检测

检测项目	万用表挡位选择	检查结果
外观检察		
熔体电阻测量		
熔断器未安装熔体时电阻测量		
熔断器安装熔体时电阻测量		

（3）检测按钮，将结果填入表 1-19 中。

表 1-19　按钮检测

检测项目	万用表挡位选择	检查结果
外观检查		
按钮触点检查		
活动部件检查		
按钮 NC 触点电阻测量		
按钮 NO 触点电阻测量		
按钮 NC 触点按下时电阻测量		
按钮 NO 触点按下时电阻测量		

（4）检测断路器，将结果填入表 1-20 中。

表 1-20　断路器检测

检测项目	万用表挡位选择	检查结果
外观检察		
断路器触点的检查		
活动部件的检查		
闭合时，触点 1、2 间电阻测量		
闭合时，触点 3、4 间电阻测量		
闭合时，触点 5、6 间电阻测量		
断开时，触点 1、2 间电阻测量		
断开时，触点 3、4 间电阻测量		
断开时，触点 5、6 间电阻测量		

4. 线槽与导轨的安装

（1）切割 2 根长 555mm 的线槽及线槽盖（见图 1-15），切割完成后进行检查，将检查结果填入表 1-21 中。

工艺要求：线槽切割面必须平滑且无毛刺。

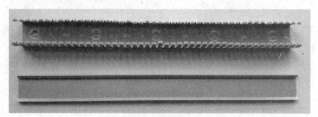

图 1-15　直角线槽切割

表 1-21　直角线槽尺寸检查

目标长度	实际长度
555mm	
555mm	

（2）切割长度分别为 600mm、635mm 的线槽及线槽盖各 2 根（见图 1-16），切割完后进行检查，检查结果填入表 1-22 中。

工艺要求：线槽切割面必须平滑且无毛刺，线槽两端为 45°角斜边。

图 1-16　45°角线槽切割

表 1-22　45°角线槽尺寸检查

目标长度	实际长度	切割面结合程度
600mm		
600mm		
635mm		
635mm		

思考：切割 45°角线槽的作用。

_____

_____

_____

（3）分别切割 2 根长 500mm 的导轨、1 根 300mm 的导轨，切割后进行检查，将检查结果填入表 1-23 中。

工艺要求：对导轨进行倒角（见图 1-17（a））。

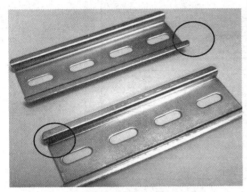
(a) 导轨倒角位置

(b) 倒角工具

图 1-17　导轨倒角

表 1-23　导轨尺寸检查

目标长度	实际长度
500mm	
500mm	
300mm	

（4）按照图 1-18 所示线槽、导轨安装布置图安装线槽、导轨，三条导轨左端要对齐。

5. 元件安装

请在图 1-19 所示元件安装布置图中画出元件安装位置并安装元件。

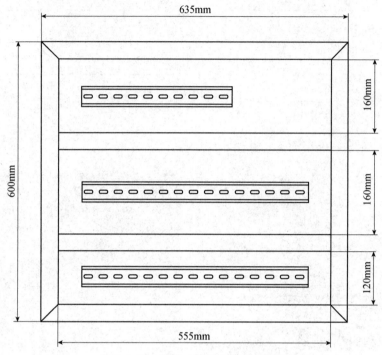

图 1-18　线槽、导轨安装布置图

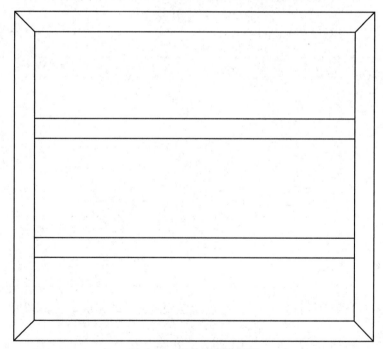

图 1-19　元件安装布置图

6. 电路安装

根据原理图补全图 1-20 所示接线图中的线号并安装电路。

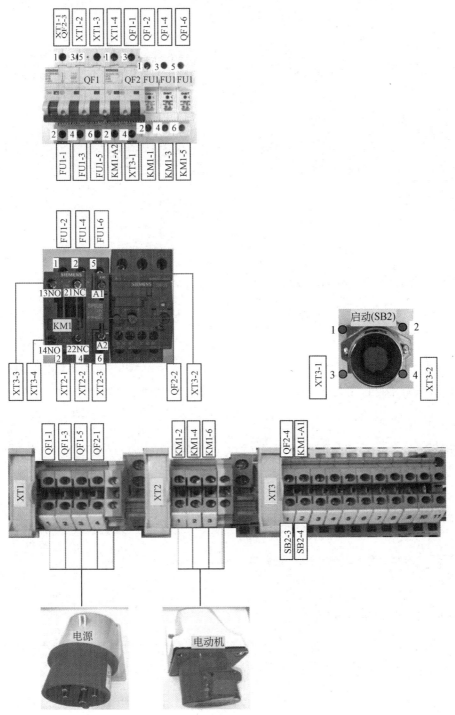

图 1-20　接线图

（五）检查控制

1. 通电前检查

（1）根据表 1-24 进行目检。

表 1-24　目检

序号	检查内容	检查结果	附注
1	线槽、导轨安装尺寸与图纸相符	是 ○ 否 ○	
2	线槽、导轨的切割面整齐、光滑	是 ○ 否 ○	
3	导轨断面有倒角	是 ○ 否 ○	
4	线槽、导轨安装牢固	是 ○ 否 ○	
5	元器件安装整齐牢固，布局合理	是 ○ 否 ○	
6	导线布线整齐平直，绝缘层无损坏	是 ○ 否 ○	
7	导线颜色选择正确、松紧适度，留有合适余量	是 ○ 否 ○	
8	导线线径选择合理，线号套管粗细合适	是 ○ 否 ○	
9	冷压端子选择正确并且与导线压接正确	是 ○ 否 ○	
10	各接线端子压接牢固且接线数量符合要求	是 ○ 否 ○	
11	线号套管、端子标记条、元器件标签内容正确、清晰	是 ○ 否 ○	
12	线号套管、端子标记条、元器件标签位置、大小、方向一致	是 ○ 否 ○	

（2）根据表 1-25 用万用表检测电路。

表 1-25 用万用表检测电路

测量项目（主回路）	万用表挡位选择	测量结果
L1 对地电阻测量		
L2 对地电阻测量		
L3 对地电阻测量		
相间短路测量，L1 与 L2 间的电阻测量		
相间短路测量，L1 与 L3 间的电阻测量		
相间短路测量，L2 与 L3 间的电阻测量		
相间短路测量，手动按下接触器 KM1 时 L1 与 L2 间的电阻测量		
相间短路测量，手动按下接触器 KM1 时 L1 与 L3 间的电阻测量		
相间短路测量，手动按下接触器 KM1 时 L2 与 L3 间的电阻测量		
L 对地电阻测量		
N 对地电阻测量		
初始状态下，控制回路电阻测量，L 与 N 之间的电阻测量		

根据测量结果判断电路有无短路情况，若有短路情况，对电路进行检查、处理。

2. 通电检测

为保证人身与设备的安全，要严格执行相关的安全规定。

请在教师的监护下完成此项工作。

（1）根据表 1-26 所列通电测试步骤，写出正确的通电测试顺序。

表 1-26　通电测试步骤

序号	通电测试步骤
1	控制回路测试正常，合上主回路断路器 QF1
2	合上控制回路断路器 QF2
3	连接主电源线
4	连接电动机线，合上主回路断路器 QF1
5	按下启动按钮 SB2，测试主回路
6	按下启动按钮 SB2，测试控制回路
7	主回路测试正常，断开主回路断路器 QF1
8	按下启动按钮 SB2，测试电动机

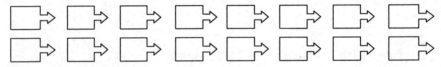

（2）根据表 1-27 测量电源电压。

表 1-27　电源电压测量

回路	序号	测量点 1	测量点 2	测量值/V	测量值是否符合要求
主回路电源电压测量	1	QF1-1	QF1-3		是 ○　　否 ○
	2	QF1-1	QF1-5		是 ○　　否 ○
	3	QF1-3	QF1-5		是 ○　　否 ○
	4				是 ○　　否 ○
	5				是 ○　　否 ○
	6				是 ○　　否 ○
	7				是 ○　　否 ○

（续表）

回路	序号	测量点1	测量点2	测量值/V	测量值是否符合要求
控制回路电源电压测量	1	QF2-1	QF2-3		是 ○　　否 ○
	2				是 ○　　否 ○
	3				是 ○　　否 ○
	4				是 ○　　否 ○
	5				是 ○　　否 ○
	6				是 ○　　否 ○

3. 故障排查记录

将故障排查过程填入表 1-28 中。

表 1-28　故障排查记录表

序号	故障现象	故障原因	解决措施
1			
2			
3			
4			
5			

（六）评价反馈

（1）工作完成后，需对工作过程、工作结果做出评估，以便学生能对自己的学习、工作状态有直观的认识，学生与教师根据表1-29评价反馈记录表中各项，对学生整个工作过程的表现及作品质量做出合理评价并给出得分。

表 1-29　评价反馈记录表

姓名		学号		班级		日期	
学习情境名称		切割机控制电路安装与调试					
一、工作过程				评分等级为 10—9—7—5—3—0			
序号	信息收集			学生自检评分	教师检查评分	对学生自评的评分	
1	资料、文件齐全、整洁						
2	信息内容准确可靠						
3	技能熟练						
	结果（权重系数：0.15）						
序号	计划			学生自检评分	教师检查评分	对学生自评的评分	
1	合理性和可实施性						
2	安全环保						
	结果（权重系数：0.10）						
序号	实施			学生自检评分	教师检查评分	对学生自评的评分	
1	材料准备表						
2	工具的检查						
3	警示牌、安全锁具等防触电措施						
4	个人防护用品的穿戴						
5	工具、仪表的选择与应用						
6	工作中 6S 管理规范的执行情况						
7	安全隐患						
8	组内成员合作情况						
	结果（权重系数：0.40）						
序号	检查			学生自检评分	教师检查评分	对学生自评的评分	
1	通电前检查						
2	通电检测						
3	设备功能符合要求						
4	检查调试记录完整						
	结果（权重系数：0.30）						

（续表）

序号	评估	学生自检评分	教师检查评分	对学生自评的评分
1	专业对话			
	结果（权重系数：0.05）			

二、作品检查　　　　　　　　　　　　　　　　　评分等级为 10—9—7—5—3—0

序号	评分项目	学生自检评分	教师检查评分	对学生自评的评分
1	线槽、导轨安装尺寸与图纸相符			
2	线槽、导轨的切割面整齐、光滑			
3	导轨断面有倒角			
4	线槽、导轨安装牢固			
5	元器件安装整齐牢固，布局合理			
6	导线布线整齐平直，绝缘层无损坏			
7	导线颜色选择正确、松紧适度，留有合适余量			
8	导线线径选择合理，线号套管粗细合适			
9	冷压端子选择正确并且与导线压接正确			
10	各接线端子压接牢固且接线数量符合要求			
11	线号套管、端子标记条、元器件标签内容正确、清晰			
12	线号套管、端子标记条、元器件标签位置、大小、方向一致			
	结果			

注：
对学生自评的评分标准，同教师的评分相差：

一级得 9 分

二级得 5 分

三级得 0 分

总　评　分

序号	评分组	结果	因子	得分（中间值）	系数	得分
1	工作过程（对学生自评的评分）		1.8		0.2	
2	工作工程（教师检查评分）		1.8		0.3	
3	作品检查（对学生自评的评分）		1.2		0.1	
4	作品检查（教师检查评分）		1.2		0.4	
				总分		

教师签名：＿＿＿＿＿＿＿＿＿　　　学生签名：＿＿＿＿＿＿＿＿＿

（2）工作完成后，总结工作过程，将内容填写在表 1-30 中。

表 1-30 工作总结报告

情境名称		制作人员	
工作时间		完成时间	
工作地点		检验人员	
工作过程修正记录			
原定计划：		实际实施：	
工作缺陷与改进分析			
工作缺陷：		整改方案：	
工作评价			

四、资料页

（一）、按钮开关

1. 按钮的组装

按钮的组装如图 1-21 所示，按钮头与基座在组装与拆卸时要注意凹槽的配合，安装触点时要将触点两端的卡齿安装到位，拆卸时用一字螺丝刀撬动任意一端的卡齿取下即可。

(a) 触点　　　　　　(b) 基座　　　　　　(c) 按钮头　　　　　　(d) 组合体

图 1-21　按钮的组装

2. 按钮触点的类型

如图 1-22 所示，按钮的触点可分为常闭（Normally Closed，NC）触点与常开（Normally Open，NO）触点。

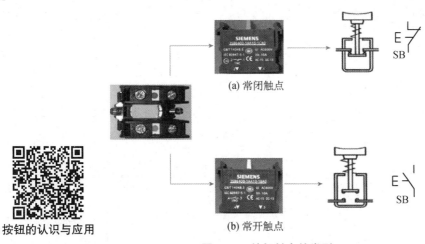

(a) 常闭触点

(b) 常开触点

按钮的认识与应用

图 1-22　按钮触点的类型

3. 按钮触点的规格参数

按钮触点的规格参数如图 1-23 所示。

（二）断路器

1. 断路器型号含义

断路器型号含义如图 1-24 所示。

断路器的认识与应用

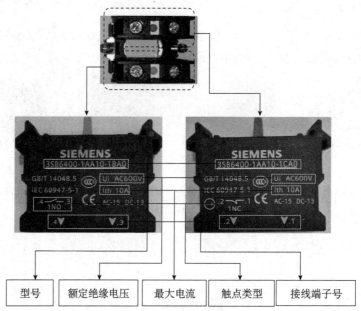

图 1-23　按钮触点的规格参数

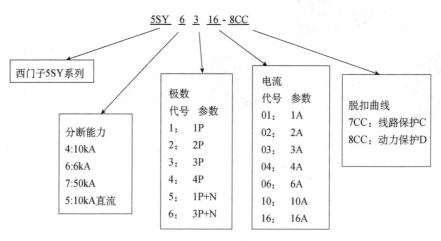

图 1-24　断路器型号含义

2. 断路器规格参数与结构名称

断路器规格参数与结构名称如图 1-25 所示。

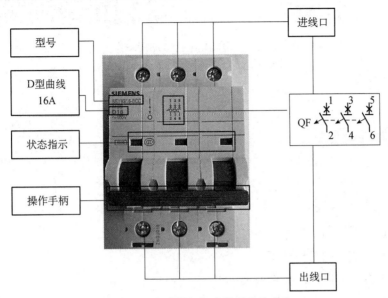

图 1-25　断路器规格参数与结构名称

学习情境二　循环水冷却系统控制电路安装与调试

一、学习目标

1. 知识目标

（1）了解特低电压的概念。
（2）掌握自锁电路的工作原理。
（3）掌握开关电源的工作原理。
（4）熟练掌握热继电器的工作原理。

2. 技能目标

（1）能识读、分析循环水冷却系统控制电气原理图。
（2）能识读热继电器的规格参数并进行功能检测与选型。
（3）能正确应用开关电源。
（4）能正确应用端子及短接片。
（5）能正确选择启动按钮与停止按钮的规格型号。

3. 核心能力目标

（1）能时刻保持对人和设备造成损害的外在环境条件的戒备状态，并及时消除安全隐患，使之形成习惯。
（2）能时刻保持环境整洁，并及时消除环境污染，使之形成习惯。
（3）善于查找资料，熟练应用工具书。
（4）善于独立工作，减少依赖。
（5）心中时刻有团队，团队利益至上，保持同他人或团队合作，共同完成任务。

二、情境描述

胜利弹簧厂车间安装了一台新设备，设备需要冷却水才能正常工作。如图 2-1 所示，冷却塔、循环水泵、设备换热器及管路部分已经安装完成，现在需要安装循环水泵控制电路并完成功能调试。

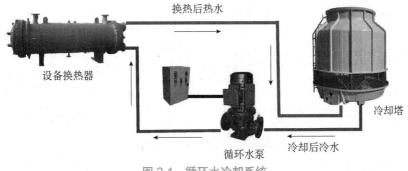

图 2-1 循环水冷却系统

1. 工作要求

（1）根据电气原理图、电动机铭牌信息确定所应用的电气元件及其规格型号。

（2）正确应用电工工具安装循环水冷却系统控制电路，安装工艺符合国家及企业标准。

（3）电路安装完成后，应用检测仪表对电路进行绝缘检测及电压检测，使电路具备通电条件。

（4）对电路进行功能调试，使之符合如下控制要求：

①按下启动按钮 SB2，循环水泵启动。

②按下停止按钮 SB1，循环水泵停止。

③电动机过载热继电器动作，循环水泵停止，再次启动需要手动复位。

④电源、电动机、按钮、指示灯与其他电气元件的连接需经过接线端子。

（5）工作过程遵循"6S"现场管理规范。

2. 电气原理图

循环水冷却系统电气原理图（见图 2-2）。

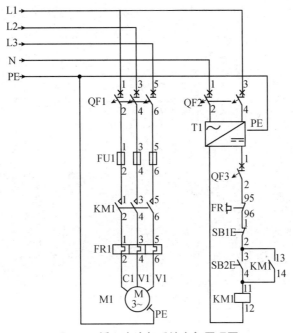

图 2-2 循环水冷却系统电气原理图

三、工作过程

（一）收集信息

1. 工作引导

分析学习情境一切割机控制电气原理图（见图 1-2）与循环水冷却系统控制电气原理图（见图 2-2）的异同点（主回路、控制回路），记录在下面的横线处。

_____

_____

_____

_____

2. 工作目标分析

（1）描述自锁工作原理及自锁在循环水冷却系统控制中的应用。

_____

_____

_____

（2）思考停止按钮在电路中的作用，并说明停止按钮可以放在电路中什么位置。

_____

_____

_____

（3）开关电源认识。

①识读图 2-3 所示开关电源铭牌，将相应参数填入表 2-1 中。

图 2-3　开关电源铭牌

开关电源的
认识与应用

表 2-1　开关电源规格参数

型号	输入电压	输入电流	输出电压	输出电流	输出功率
ABL2REM24045H					

②思考控制回路采用 DC 24V 电压有什么优点？

_____

_____

_____

（4）热继电器认识。

将表 2-2 所列热继电器各部件的名称、规格参数序号填入图 2-4 所示热继电器方框中。

表 2-2　热继电器各部件的名称、规格参数

名称	进线口	状态指示	订货号	停止按钮	出线口	过载电流设定
序号	1	2	3	4	5	6
名称	贴标签处	复位按钮	品牌	常开触点	常闭触点	
序号	7	8	9	10	11	

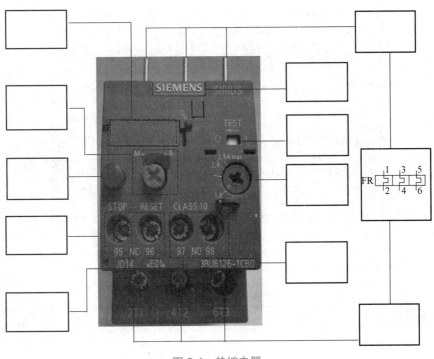

图 2-4　热继电器

（5）根据表 2-3 中元器件符号识读元器件，说明其作用，填写在表 2-3 中。

表 2-3　元器件符号、名称及作用

元器件符号	名称	在电路中的作用
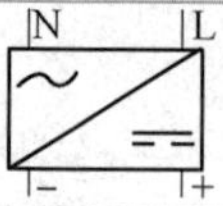 N L ~ － +		
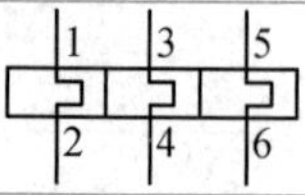 1 3 5 2 4 6		
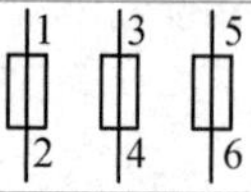 1 3 5 2 4 6		
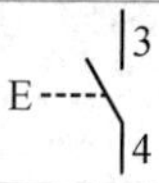 E---- 3 4		
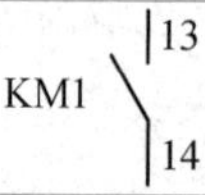 KM1 13 14		

思考：循环水泵控制电路中如果不使用热继电器，循环水泵是否能正常工作？

<u>可以正常工作，因为热继电器在电动机不过载的情况下是不起作用的，对控制电动机运行没有影响，不使用热继电器电动机过载时不能得到保护。</u>

（6）根据图 2-5 所示电动机铭牌对元器件进行选型。

三相异步电动机			
型号 Y112M-4	功率 4kW	电压 380V	电流 8.8A
转速 1440 r/min	噪声 74 dB(A)	定额 S1	50Hz
接法 △	IP44	效率 84.5%	45kg
绝缘 B	功率因数 0.82	出厂编号 27442	
标准 JB/T10391-2008		日期　2017 年 5 月	
中原电机厂			

图 2-5　电动机铭牌

①对主回路断路器进行选型，结果填入表 2-4 中。

表 2-4　断路器的选型

断路器符号	型号	额定电流

②对接触器进行选型，结果填入表 2-5 中。

表 2-5　接触器选型

接触器型号	接触器额定电流	线圈电压

③对热继电器进行选型，结果填入表 2-6 中。

表 2-6　热继电器选型

热继电器的型号	整定电流

（7）对表 2-7 所列元器件动作步骤进行排序。

表 2-7　元器件动作步骤

元器件动作步骤	序号
电动机 M1 转动	1
电动机 M1 停止	2
闭合断路器 QF1	3
按下启动按钮 SB2	4
按下停止按钮 SB1	5
接触器 KM1 线圈得电	6
闭合断路器 QF2	7
闭合断路器 QF3	8
启动按钮 SB2 常开触点闭合	9
接触器 KM1 主触点闭合、常开辅助触点闭合，形成自锁	10
停止按钮 SB1 常闭触点断开	11
接触器 KM1 线圈失电	12
接触器 KM1 主触头断开	13
直流电源 T1 得电，输出直流 24V	14

启动：□⇒□⇒□⇒□⇒□⇒□⇒□⇒□⇒□

停止：□⇒□⇒□⇒□⇒□⇒□⇒□⇒□⇒□

（二）制订计划

请进行小组讨论，根据表 2-8 所示格式制订合理的工作计划，并将内容填入表 2-8 中。

表 2-8　工作计划表

循环水冷却系统控制电路安装与调试工作计划表			
工作步骤	元器件/工具/材料准备清单	组织形式	计划工时
完成本次任务的重点、难点、风险点识别			
环境保护			
时间：	教师：		学生：

（三）做出决策

（1）工作计划中有些工作步骤有工艺要求，请填写表2-9所列工艺卡，明确工艺要求。

表2-9　工艺卡

名称		工艺卡			
课程	电气系统安装与调试	情境		姓名	
班级		时间			
序号	工序内容	工艺标准		工具、仪表	备注
1					
2					
3					
4					
5					
6					
7					
8					

（2）进行小组讨论，填写表2-10所示工作计划决策表。

为了保证人身及设备安全，需要教师与学生共同做出决策，如果计划存在较多问题，教师对学生进行指导，学生对计划进行修改完善。

表 2-10 工作计划决策表

工作任务		小组		时间	
		小组成员			

计划	比较项目						计划确定
	合理性	经济性	可操作性	实施难度	实施时间	安全环保	
第一组	□优 □中 □差	□优 □中 □差	□优 □中 □差	□优 □中 □差	□优 □中 □差	□优 □中 □差	
第二组	□优 □中 □差	□优 □中 □差	□优 □中 □差	□优 □中 □差	□优 □中 □差	□优 □中 □差	
第三组	□优 □中 □差	□优 □中 □差	□优 □中 □差	□优 □中 □差	□优 □中 □差	□优 □中 □差	
第四组	□优 □中 □差	□优 □中 □差	□优 □中 □差	□优 □中 □差	□优 □中 □差	□优 □中 □差	
第五组	□优 □中 □差	□优 □中 □差	□优 □中 □差	□优 □中 □差	□优 □中 □差	□优 □中 □差	
第六组	□优 □中 □差	□优 □中 □差	□优 □中 □差	□优 □中 □差	□优 □中 □差	□优 □中 □差	

计划简要说明：

组长			教师	

（四）实施计划

1. 材料准备

填写材料表（见表 2-11）并领取材料。

表 2-11 材料表

任务	循环水冷却系统控制电路安装与调试				
序号	名称	规格	单位	数量	备注
1					
2					
3					
4					
5					
6					
7					
8					
9					
10					
11					
12					
13					
14					
15					
16					
17					
18					

2. 工具检查

正确选择实施计划需要的工具，使用过程中注意维护与保养。请对照工具检查表（见表2-12）对工具进行检查，若有损坏请及时更换。

表2-12　工具检查表

序号	名称	工具状态是否良好	损坏情况（没有损坏则不填写）
1	剥线钳	是 ○ 否 ○	
2	针型端子压线钳	是 ○ 否 ○	
3	斜口钳	是 ○ 否 ○	
4	十字螺丝刀	是 ○ 否 ○	
5	一字螺丝刀	是 ○ 否 ○	
6	测电笔	是 ○ 否 ○	
7	万用表	是 ○ 否 ○	
8	活扳手	是 ○ 否 ○	
9	钢丝钳	是 ○ 否 ○	
10	锉刀	是 ○ 否 ○	
11	手工锯	是 ○ 否 ○	
12	锁具（安全锁）	是 ○ 否 ○	

注：检查工具绝缘材料是否破损，工具刃口是否损坏，测电笔是否能正常检测，手工锯的锯条是否完好、方向是否正确，工具上面是否有油污，万用表电量是否充足、功能是否正常等

3．元器件检测

（1）检测接触器，将结果填入表 2-13 中。

表 2-13　接触器检测

检测项目	万用表挡位选择	检查结果
外观检查		
活动组件的检查		
线圈的电阻		
初始状态下，接触器主触点 1-2 间的电阻		
初始状态下，接触器主触点 3-4 间的电阻		
初始状态下，接触器主触点 5-6 间的电阻		
初始状态下，接触器辅助触点 13-14 间的电阻		
初始状态下，接触器辅助触点 21-22 间的电阻		
手动吸合时，接触器主触点 1-2 间的电阻		
手动吸合时，接触器主触点 3-4 间的电阻		
手动吸合时，接触器主触点 5-6 间的电阻		
手动吸合时，接触器辅助触点 13-14 间的电阻		
手动吸合时，接触器辅助触点 21-22 间的电阻		

（2）检测热继电器，将结果填入表 2-14 中。

表 2-14　热继电器检测

检查项目	万用表挡位选择	检查结果
外观检查		
NO 触点间的电阻		
NC 触点间的电阻		
主触点 1-2 间的电阻		
主触点 3-4 间的电阻		
主触点 5-6 间的电阻		

4. 元件安装

请在图 2-6 所示元件安装布置图中画出元件安装位置并安装元件。

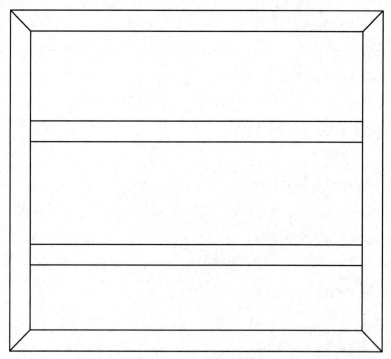

图 2-6　元件安装布置图

5. 电路安装

根据原理图补全图 2-7 所示接线图中的线号并安装电路。

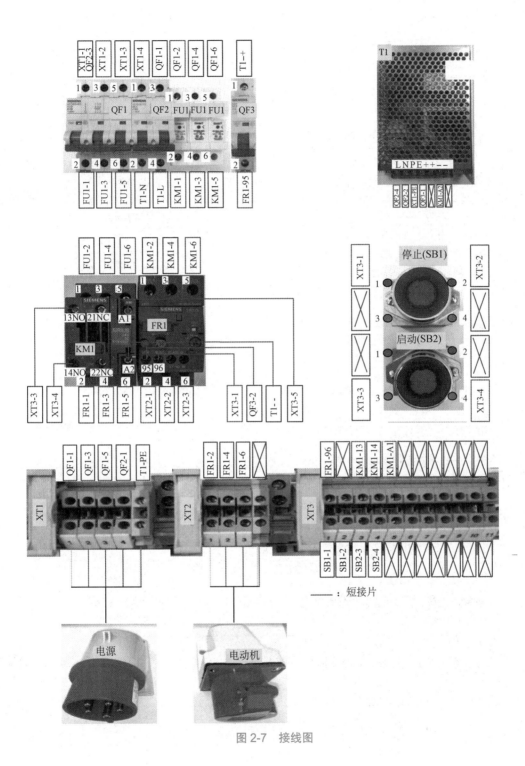

图 2-7　接线图

（五）检查控制

1. 通电前检查

（1）根据表2-15进行目检。

表2-15　目检

序号	检查内容	检查结果	附注
1	元器件安装整齐牢固，布局合理	是 〇 否 〇	
2	导线布线整齐平直，绝缘层无损坏	是 〇 否 〇	
3	导线颜色选择正确、松紧适度，留有合适余量	是 〇 否 〇	
4	导线线径选择合理，线号套管粗细合适	是 〇 否 〇	
5	冷压端子选择正确并且与导线压接正确	是 〇 否 〇	
6	各接线端子压接牢固且接线数量符合要求	是 〇 否 〇	
7	线号套管、端子标记条、元器件标签内容正确、清晰	是 〇 否 〇	
8	线号套管、端子标记条、元器件标签位置、大小、方向一致	是 〇 否 〇	

（2）根据表2-16用万用表检测电路。

表 2-16 用万用表检测

测量项目（主回路）	万用表挡位选择	测量结果
L1 对地电阻测量		
L2 对地电阻测量		
L3 对地电阻测量		
相间短路测量，L1 与 L2 间的电阻测量		
相间短路测量，L1 与 L3 间的电阻测量		
相间短路测量，L2 与 L3 间的电阻测量		
相间短路测量，手动按下接触器 KM1 时 L1 与 L2 间的电阻测量		
相间短路测量，手动按下接触器 KM1 时 L1 与 L3 间的电阻测量		
相间短路测量，手动按下接触器 KM1 时 L2 与 L3 间的电阻测量		
L 对地电阻测量		
N 对地电阻测量		
初始状态下，控制回路电阻测量，L 与 N 之间的电阻测量		

根据测量结果判断线路有无短路情况，若有短路情况，对电路进行检查、处理。

2. 通电检测

为保证人身与设备的安全，要严格执行相关的安全规定。

请在教师的监护下完成此项工作。

（1）根据表 2-17 通电测试步骤，写出正确的通电测试顺序。

表 2-17　通电测试步骤

通电测试步骤	序号
过载测试正常，合上主回路断路器 QF1	1
合上控制回路断路器 QF2	2
接主电源线	3
接电动机线	4
控制回路测试正常，按下停止按钮 SB1	5
按下启动按钮 SB2，用万用表对电动机接线端子（XT2）输出电压进行测量（缺相检测）	6
按下启动按钮 SB2，进行电动机测试	7
按下启动按钮 SB2，进行过载测试（按下热继电器的手动测试按钮）	8
合上直流控制回路断路器 QF3	9
电动机运行正常，按下停止按钮 SB1	10
输出电压检测正常，按下停止按钮 SB1	11
按下启动按钮 SB2，测试控制回路	12

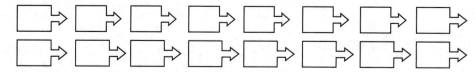

（2）根据表 2-18 测量电源电压。

表 2-18　电源电压测量

回路	序号	测量点 1	测量点 2	测量值（V）	测量值是否符合要求
主回路电源电压测量	1	QF1-1	QF1-3		是 ○　　否 ○
	2	QF1-1	QF1-5		是 ○　　否 ○
	3	QF1-3	QF1-5		是 ○　　否 ○
	4				是 ○　　否 ○
	5				是 ○　　否 ○
	6				是 ○　　否 ○
	7				是 ○　　否 ○

（续表）

回路	序号	测量点 1	测量点 2	测量值（V）	测量值是否符合要求
控制回路电源电压测量	1	QF2-1	QF2-3		是 ○　否 ○
	2	T1 +	T1_-		是 ○　否 ○
	3				是 ○　否 ○
	4				是 ○　否 ○
	5				是 ○　否 ○
	6				是 ○　否 ○

3. 故障排查记录

将故障排查过程填入表 2-19 中。

表 2-19　故障排查记录表

序号	故障现象	故障原因	解决措施
1			
2			
3			
4			
5			

（六）评价反馈

（1）工作完成后，需对工作过程、工作结果做出评估，以便学生能对自己的学习、工作状态有直观的认识，学生与教师根据表 2-20 评价反馈记录表中各项，对学生整个工作过程的表现及作品质量做出合理评价并给出得分。

表 2-20　评价反馈记录表

姓名	学号		班级	日期
学习情境名称	循环水冷却系统控制电路安装与调试			
一、工作过程		评分等级为 10—9—7—5—3—0		
序号	信息收集	学生自检评分	教师检查评分	对学生自评的评分
1	资料、文件齐全、整洁			
2	信息内容准确可靠			
3	技能熟练			
结果（权重系数：0.15）				
序号	计划	学生自检评分	教师检查评分	对学生自评的评分
1	合理性和可实施性			
2	安全环保			
结果（权重系数：0.10）				
序号	实施	学生自检评分	教师检查评分	对学生自评的评分
1	材料准备表			
2	工具的检查			
3	警示牌、安全锁具等防触电措施			
4	个人防护用品的穿戴			
5	工具、仪表的选择与应用			
6	工作中"6S"管理规范的执行情况			
7	安全隐患			
8	组内成员合作情况			
结果（权重系数：0.40）				

（续表）

序号	检查	学生自检评分	教师检查评分	对学生自评的评分
1	通电前检查			
2	通电检测			
3	设备功能符合要求			
4	检查调试记录完整			
结果（权重系数：0.30）				

序号	评估	学生自检评分	教师检查评分	对学生自评的评分
1	专业对话			
结果（权重系数：0.05）				

二、作品检查　　　　　　　　　　　　　　　评分等级为 10—9—7—5—3—0

序号	评分项目	学生自检评分	教师检查评分	对学生自评的评分
1	元器件安装整齐牢固，布局合理			
2	导线布线整齐平直，绝缘层无损坏			
3	导线颜色选择正确、松紧适度，留有合适的余量			
4	导线线径选择合理，线号套管粗细合适			
5	冷压端子选择正确并且与导线压接正确			
6	各接线端子压接牢固、接线数量符合要求			
7	线号套管标记正确、清晰			
8	接线端子、元器件标记正确，位置、大小、方向一致			
结果				

注:
对学生自评的评分标准，同教师的评分相差：一级得9分
二级得5分
三级得0分

总　评　分

序号	评分组	结果	因子	得分（中间值）	系数	得分
1	工作过程（对学生自评的评分）		1.8		0.2	
2	工作工程（教师检查评分）		1.8		0.3	
3	作品检查（对学生自评的评分）		0.8		0.1	
4	作品检查（教师检查评分）		0.8		0.4	
					总分	

教师签名：_____　　　学生签名：_____

（2）工作完成后，总结工作过程，将内容填写在表 2-21 中。

表 2-21　工作总结报告

情境名称		制作人员	
工作时间		完成时间	
工作地点		检验人员	
工作过程修正记录			
原定计划：		实际实施：	
工作缺陷与改进分析			
工作缺陷：		整改方案：	
工作评价			

四、资料页

（一）电动机断路

1. 电动机断路器的组成

电动机断路器的组成如图 2-8 所示。

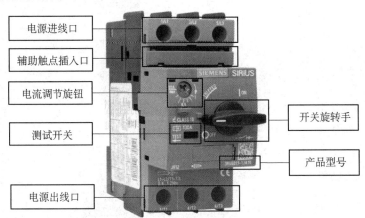

图 2-8　电动机断路器的组成

2. 电动机断路器的选型

电动机断路器的选型可参考《SIRIUS（国产）控制与保护产品 产品目录 2020》。

（二）接触器

1. 接触器的结构组成

接触器的结构组成如图 2-9 所示。

2. 接触器的选型

接触器的选型可参考《SIRIUS（国产）控制与保护产品 产品目录 2020》。

（三）热继电器

1. 热继电器的组成

热继电器的组成如图 2-10 所示。

2. 热继电器的选型

热继电器的选型可参考《SIRIUS（国产）控制与保护产品 产品目录 2020》。

**热继电器的
认识与应用**

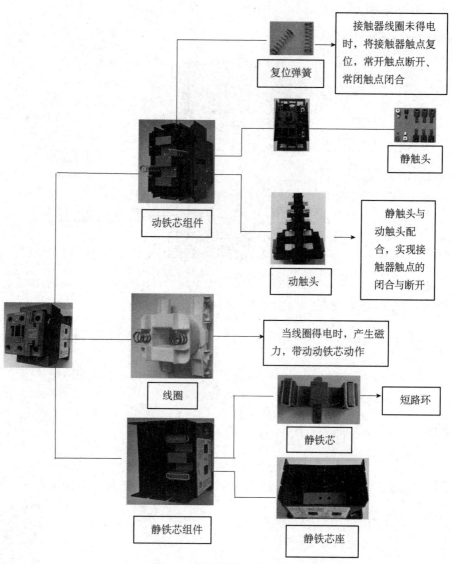

接触器线圈未得电时，将接触器触点复位，常开触点断开、常闭触点闭合

复位弹簧

静触头

动铁芯组件

静触头与动触头配合，实现接触器触点的闭合与断开

动触头

当线圈得电时，产生磁力，带动动铁芯动作

线圈

短路环

静铁芯

静铁芯组件

静铁芯座

图 2-9 接触器的结构组成

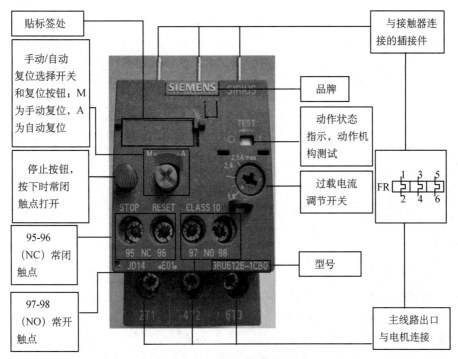

贴标签处

手动/自动
复位选择开关
和复位按钮；M
为手动复位，A
为自动复位

停止按钮，
按下时常闭
触点打开

95-96
（NC）常闭
触点

97-98
（NO）常开
触点

与接触器连
接的插接件

品牌

动作状态
指示，动作机
构测试

过载电流
调节开关

型号

主线路出口
与电机连接

图 2-10　热继电器的组成

学习情境三　平面磨床自动往返控制电路安装与调试

一、学习目标

1. 知识目标

（1）了解三相异步电动机正反转原理。

（2）掌握相序检测仪的应用方法。

（3）掌握三相异步电动机正反转控制的方法。

（4）掌握电路互锁工作原理。

（5）掌握急停开关、行程开关、中间继电器工作原理。

2. 技能目标

（1）能识读、分析平面磨床自动往返控制电路安装与调试电气原理图。

（2）能正确应用相序检测仪。

（3）能正确应用急停开关。

（4）能正确应用行程开关。

（5）能正确应用中间继电器。

（6）能正确应用指示灯。

3. 核心能力目标

（1）能时刻保持对人和设备造成损害的外在环境条件的戒备状态，并及时消除安全隐患，使之形成习惯。

（2）能时刻保持环境整洁，并及时消除环境污染，使之形成习惯。

（3）善于查找资料，熟练应用工具书。

（4）善于独立工作，减少依赖。

（5）心中时刻有团队，团队利益至上，保持同个人或团队合作，共同完成任务。

（6）有效学习，持续学习，学有所用。

二、情境描述

旭日机床厂应客户要求，生产了一台平面磨床（见图 3-1），现在需要安装平面磨床自动往返控制电路并完成电路检测与功能调试。

1. 工作要求

（1）根据电气原理图分析平面磨床自动往返控制电路的工作原理，确定需要的电气元件。

（2）根据电动机铭牌对主要电气元件进行选型。

（3）正确应用电工工具安装平面磨床自动往返控制电路，安装工艺符合国家及企业标准。

（4）电路安装完后，应用检测仪表对电路进行绝缘检测及电压检测，使电路具备通电条件。

图 3-1　平面磨床

（5）对电路进行功能调试，使之符合如下控制要求。

① 按下 SB12 主回路得电，按下 SB11 主回路失电。

② 在主回路得电情况下，按下 SB2 电动机正转，按下 SB3 电动机反转，能实现自动往返，按下 SB1，电动机停止。

③ 按下急停按钮 S1，主回路失电，电动机停止。

（6）工作过程遵循"6S"现场管理规范。

2. 电气原理图

（1）平面磨床自动往返主回路（见图 3-2）。

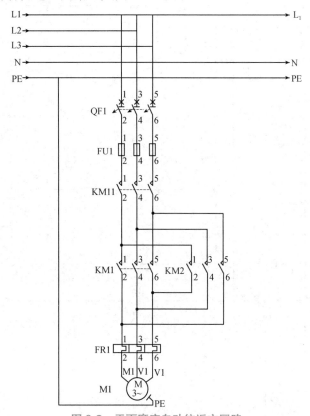

图 3-2　平面磨床自动往返主回路

（2）平面磨床自动往返控制回路（见图 3-3）。

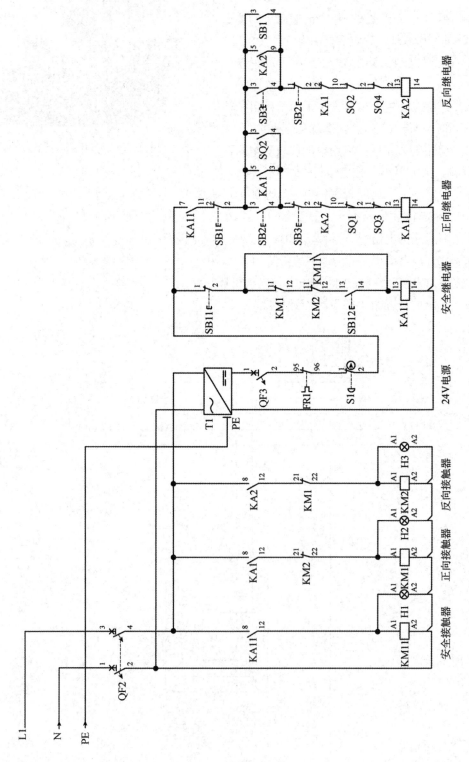

图 3-3 平面磨床自动往返控制回路

三、工作过程

（一）收集信息

1. 工作引导

（1）参考图 3-4 所示平面磨床工作台示意图分析工作台是如何实现前进、后退的？

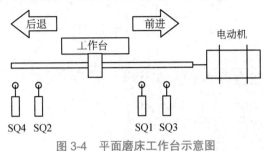

图 3-4　平面磨床工作台示意图

_____

_____

_____

（2）分析图 3-4 所示平面磨床工作台示意图中 SQ1～SQ4 是什么元件？在平面磨床自动往返控制中起什么作用？

_____

_____

_____

2. 工作目标分析

（1）三相异步电动机正反转原理分析。

①描述三相异步电动机正反转的实现方法。

_____

_____

_____

②参照图 3-5 练习相序检测仪的应用，思考相序检测的作用。

_____

_____

_____

（2）分析图3-2所示平面磨床自动往返主回路中接触器KM1、KM2线圈能否同时得电，若同时得电会发出现什么情况？

<u>不能同时得电，若同时得电电源会出现相间短路，很危险。</u>

思考题

图 3-6 为某山区乡间三岔路口，附近居民反映，该路口经常发生车辆拥堵及刮擦事件。为解决该路口的交通拥堵问题，请您提出至少两条合理化建议。

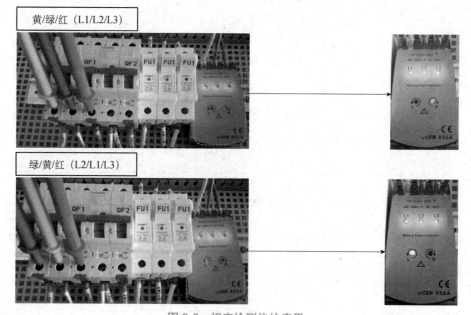

图 3-5　相序检测仪的应用

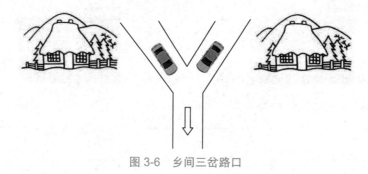

图 3-6　乡间三岔路口

_____

_____

_____

（3）请描述什么是互锁，互锁的作用，电气线路的互锁有哪些方式？

_____

（4）三相异步电动机正反转控制回路分析。

①分析图3-7所示三相异步电动机正反转控制回路中有几个自锁回路？并说明其功能。

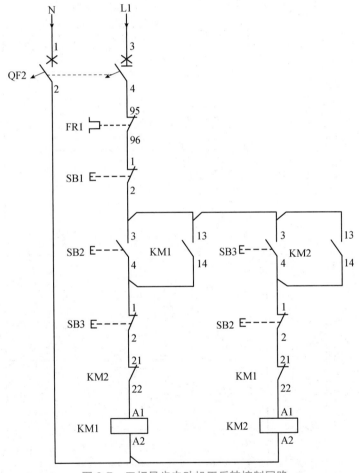

图3-7　三相异步电动机正反转控制回路

②分析图3-7所示三相异步电动机正反转控制回路中有几种互锁类型？并说明每种互锁的特点。

（5）平面磨床控制回路分析。

如图 3-8 所示，平面磨床控制回路可大体分为 3 部分，请分析每部分的作用。

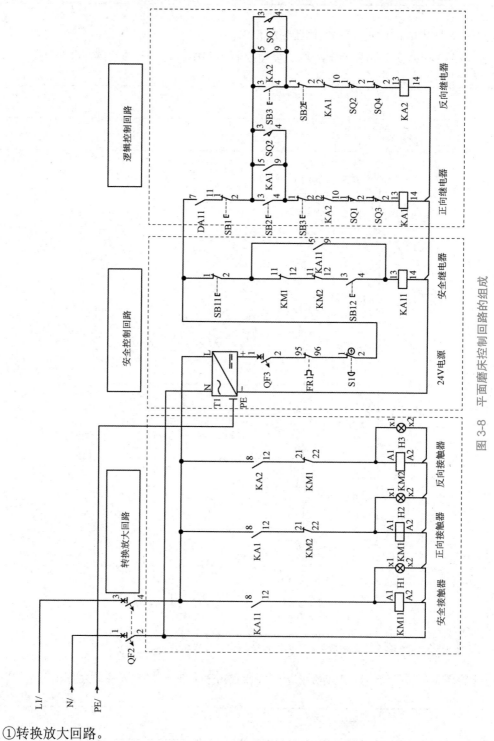

图 3-8 平面磨床控制回路的组成

①转换放大回路。

_____

_____

②安全控制回路。

_____

_____

_____

③逻辑控制回路。

_____

_____

_____

（6）认识急停开关。

①请思考乘坐自动扶梯（见图 3-9）时如果出现危险情况应如何紧急停止扶梯？自动扶梯的急停止开关应安装在什么位置？

图 3-9　自动扶梯

急停开关的
认识与应用

_____

_____

_____

②急停开关（见图 3-10）的触点应选用常开触点还是常闭触点？说明原因。

图 3-10　急停开关

_____

_____

_____

（7）行程开关的认识与测量。

通过对不同状态下行程开关（见图 3-11）触点进行测量，掌握行程开关的工作原理，并将测量值填入表 3-1 中。

行程开关的
认识与应用

图 3-11　行程开关

表 3-1　行程开关触点测量

测量项目	常开触点	常闭触点
初始状态阻值测量		
动作状态阻值测量		

（8）中间继电器的认识与测量。

①将中间继电器的规格参数、结构名称分别填写在图 3-12、图 3-13 中的空格内。

品牌	型号	线圈工作电压	触点容量	手动测试开关	订货号

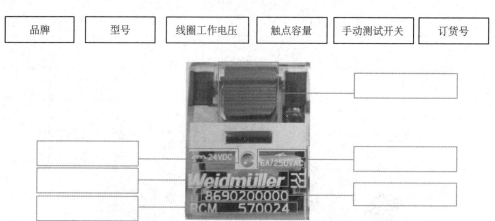

图 3-12　中间继电器的规格参数

常开/常闭触点组	线圈电源接入端

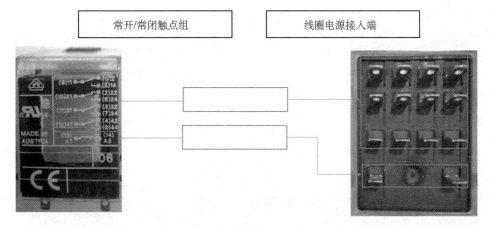

图 3-13 中间继电器接线图

②参考图 3-14 练习中间继电器与底座的安装，并思考安装时的注意事项。

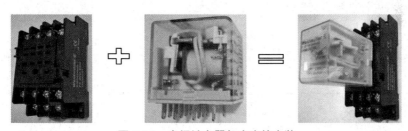

图 3-14 中间继电器与底座的安装

③根据表 3-2 测量中间继电器。

表 3-2 中间继电器测量

测量项目	测量的端子号	万用表挡位选择	测量结果
线圈电阻测量			
常开触点间电阻测量（NO）			
常闭触点间电阻测量（NC）			

（9）根据表 3-3 所列电动机铭牌信息，对电气元件进行选型。

表 3-3　电动机铭牌

三相异步电动机					
型号	Y90L-4	电压	380V	接法	Y
功率	1.5kW	电流	3.7A	工作方式	连续
转速	1400r/min	功率因数	0.79	温升	90℃
频率	50Hz	绝缘等级	B	出厂年月	2019 年 3 月
博大电机厂			产品编号：1025		

①对主回路断路器进行选型，将结果填入表 3-4 中。

表 3-4　断路器选型

断路器符号	型号	额定电流

②对接触器进行选型，将结果填入表 3-5 中。

表 3-5　接触器选型

接触器型号	接触器额定电流	线圈电压

（二）制订计划

进行小组讨论，根据表 3-6 所示格式制订合理的工作计划，并将内容填入表 3-6 中。

表 3-6　工作计划表

平面磨床自动往返控制电路安装与调试工作计划表			
工作步骤	元器件/工具/材料准备清单	组织形式	计划工时
完成本次任务的重点、难点、风险点识别			
环境保护			
时间：	教师：		学生：

（三）做出决策

（1）工作计划中有些工作步骤有工艺要求，请填写表 3-7 所示工艺卡，明确工艺要求。

表 3-7　工艺卡

名　称	工艺卡				
课程	电气系统安装与调试	情境		姓名	
班级		时间			
序号	工序内容	工艺标准		工具、仪表	备注
1					
2					
3					
4					
5					
6					
7					
8					

（2）进行小组讨论，填写表 3-8 所示工作计划决策表。

为了保证人身及设备安全，需要教师与学生共同做出决策，如果计划存在较多问题，教师应对学生进行指导，学生对计划进行修改完善。

表 3-8　工作计划决策表

工作任务		小组		时间	
		小组成员			
计划	比较项目						计划确定
	合理性	经济性	可操作性	实施难度	实施时间	安全环保	
第一组	□优 □中 □差	□优 □中 □差	□优 □中 □差	□优 □中 □差	□优 □中 □差	□优 □中 □差	
第二组	□优 □中 □差	□优 □中 □差	□优 □中 □差	□优 □中 □差	□优 □中 □差	□优 □中 □差	
第三组	□优 □中 □差	□优 □中 □差	□优 □中 □差	□优 □中 □差	□优 □中 □差	□优 □中 □差	
第四组	□优 □中 □差	□优 □中 □差	□优 □中 □差	□优 □中 □差	□优 □中 □差	□优 □中 □差	
第五组	□优 □中 □差	□优 □中 □差	□优 □中 □差	□优 □中 □差	□优 □中 □差	□优 □中 □差	
第六组	□优 □中 □差	□优 □中 □差	□优 □中 □差	□优 □中 □差	□优 □中 □差	□优 □中 □差	
计划简要说明：							
组长			教师				

（四）实施计划

1. 材料准备

请填写材料表（见表 3-9）并领取材料。

表 3-9　材料表

任务	平面磨床自动往返控制电路安装与调试				
序号	名称	规格	单位	数量	备注
1					
2					
3					
4					
5					
6					
7					
8					
9					
10					
11					
12					
13					
14					
15					
16					
17					
18					

2. 工具检查

请正确选择实施计划需要的工具，使用过程中注意工具的维护与保养。请对照工具检查表（见表 3-10）对工具进行检查，若有损坏请及时更换。

表 3-10　工具检查表

序号	名称	工具状态是否良好	损坏情况（没有损坏则不填写）
1	剥线钳	是 〇 否 〇	
2	针型端子压线钳	是 〇 否 〇	
3	斜口钳	是 〇 否 〇	
4	十字螺丝刀	是 〇 否 〇	
5	一字螺丝刀	是 〇 否 〇	
6	测电笔	是 〇 否 〇	
7	万用表	是 〇 否 〇	
8	活扳手	是 〇 否 〇	
9	钢丝钳	是 〇 否 〇	
10	锉刀	是 〇 否 〇	
11	手工锯	是 〇 否 〇	
12	锁具（安全锁）	是 〇 否 〇	

注：检查工具绝缘材料是否破损，工具刃口是否损坏，测电笔是否能正常检测，手工锯的锯条是否完好、方向是否正确，工具上面是否有油污，万用表电量是否充足、功能是否正常等

3. 元器件检测

（1）检测接触器，将结果填入表 3-11 中。

表 3-11　接触器检测

检测项目	万用表挡位选择	KM1	KM2	KM11
外观检查				
活动组件的检查				
线圈的工作电压				
线圈的工作频率				
线圈的电阻				
接触器断开时主触点 L1-T1 间的电阻				
接触器主触点 L1-T1 间接通时的电阻				
接触器主触点 L2-T2 间断开时的电阻				
接触器主触点 L2-T2 间接通时的电阻				
接触器主触点 L3-T3 间断开时的电阻				
接触器主触点 L3-T3 间接通时的电阻				
接触器辅助触点 13-14 间断开时的电阻				
接触器辅助触点 13-14 间接通时的电阻				
接触器辅助触点 21-22 间断开时的电阻				
接触器辅助触点 21-22 间接通时的电阻				

（2）检测断路器，将结果填入表 3-12 中。

表 3-12　断路器检测

检测项目	万用表挡位选择	QF1	QF2	QF3
外观检查				
断路器断开时触点 1-2 间的电阻				
断路器断开时触点 3-4 间的电阻				
断路器断开时触点 5-6 间的电阻				
断路器闭合时触点 1-2 间的电阻				
断路器闭合时触点 3-4 间的电阻				
断路器闭合时触点 5-6 间的电阻				

（3）检测热继电器，将结果填入表 3-13 中。

表 3-13　热继电器检测

检测项目	万用表挡位选择	检查结果
外观检查		
NO 触点间的电阻		
NC 触点间的电阻		
主触点 1-2 间的电阻		
主触点 3-4 间的电阻		
主触点 5-6 间的电阻		

（4）检测中间继电器，将结果填入表 3-14 中。

表 3-14 中间继电器检测

检测项目	万用表挡位选择	KA1	KA2	KA11
外观检查				
NO 触点间的电阻				
NC 触点间的电阻				
线圈的电阻				

4．元件安装

请在图 3-15 所示元件安装布置图中画出元件安装位置并安装元件。

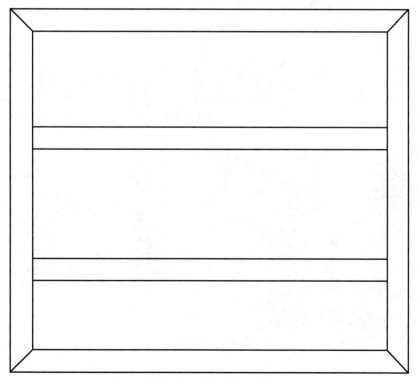

图 3-15 元件安装布置图

5．电路安装

根据原理图补全图 3-16 所示接线图中的线号并安装电路。

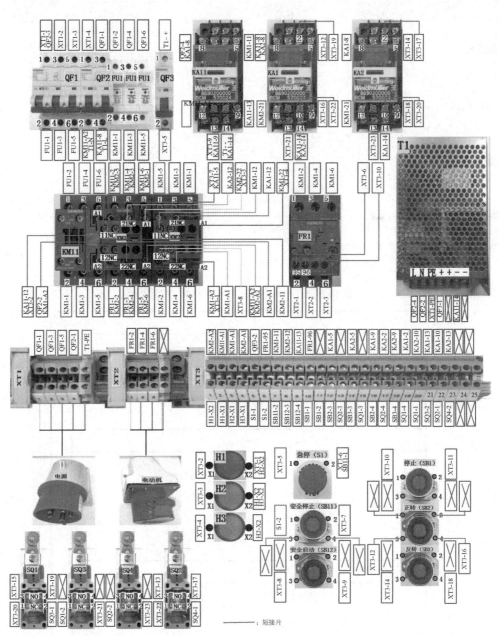

图 3-16 接线图

（五）检查控制

1. 通电前检查

（1）根据表 3-15 进行目检。

表 3-15　目检

序号	检查内容	检查结果	附注
1	元器件安装整齐牢固，布局合理	是 ○ 否 ○	
2	导线布线整齐平直，绝缘层无损坏	是 ○ 否 ○	
3	导线颜色选择正确、松紧适度，留有合适的余量	是 ○ 否 ○	
4	导线线径选择合理，线号套管粗细合适	是 ○ 否 ○	
5	冷压端子选择正确且与导线压接正确	是 ○ 否 ○	
6	各接线端子压接牢固且接线数量符合要求	是 ○ 否 ○	
7	线号套管、端子标记条、元器件标签内容正确、清晰	是 ○ 否 ○	
8	线号套管、端子标记条、元器件标签的位置、大小、方向一致	是 ○ 否 ○	

（2）根据表 3-16 用万用表检测电路。

· 79 ·

表 3-16　用万用表检测

测量项目（主回路）	万用表挡位选择	测量结果
L1 对地电阻测量		
L2 对地电阻测量		
L3 对地电阻测量		
相间短路测量，L1 与 L2 间的电阻测量		
相间短路测量，L1 与 L3 间的电阻测量		
相间短路测量，L2 与 L3 间的电阻测量		
手动按下接触器 KM11、KM1 时 L1 与 L2 间的电阻测量		
手动按下接触器 KM11、KM1 时 L1 与 L3 间的电阻测量		
手动按下接触器 KM11、KM1 时 L2 与 L3 间的电阻测量		
手动按下接触器 KM11、KM2 时 L1 与 L2 间的电阻测量		
手动按下接触器 KM11、KM2 时 L1 与 L3 间的电阻测量		
手动按下接触器 KM11、KM2 时 L2 与 L3 间的电阻测量		
测量项目（控制回路）	万用表挡位选择	测量结果
L 对地电阻测量		
N 对地电阻测量		
断开 QF3，SB12 未按下时，QF3-2 与 T1_ 间的电阻测量		
断开 QF3，手动按下 SB12 时，QF3-2 与 T1_ 间的电阻测量		

根据测量结果判断线路有无短路情况。若有短路情况，对电路进行检查、处理。

2. 通电检测

为保证人身与设备的安全，要严格执行相关的安全规定。

请在教师的监护下完成此项工作。

（1）根据表 3-17 测量电源电压。

表 3-17　电源电压测量

回路	序号	测量点 1	测量点 2	测量值	测量值是否符合要求
主回路电源电压测量	1	L1	L2		是 〇　　否 〇
	2	L2	L3		是 〇　　否 〇
主回路电源电压测量	3	L1	L3		是 〇　　否 〇
控制回路电源电压测量	1	L1	N		是 〇　　否 〇
	2	T1_+	T1_−		是 〇　　否 〇

（2）根据表 3-18 测试安全控制回路

表 3-18　安全控制回路测试

测试内容	测试结果
闭合断路器 QF2，测量直流电源输入、输出电压	
检查急停按钮位置，闭合断路器 QF3，按下通电按钮 SB12，观察电气元件动作情况	
按下断电按钮 SB11，观察电气元件动作情况	
检查急停按钮位置，闭合断路器 QF3，按下通电按钮 SB12，观察电气元件动作情况	
按下急停按钮，观察电气元件动作情况	

（3）根据表 3-19 测试逻辑控制回路。

表 3-19 逻辑控制回路测试

测试内容	测试结果
按下正转按钮 SB2，观察电气元件动作情况	
按下停止按钮 SB1，观察电气元件动作情况	
按下反转按钮 SB3，观察电气元件动作情况	
按下停止按钮 SB1，观察电气元件动作情况	
按下正向启动行程开关 SQ2，观察电气元件动作情况	
按下反向启动行程开关 SQ1，观察电气元件动作情况	
再次按下正向启动行程开关 SQ2，观察电气元件动作情况	

（4）根据表 3-20 进行电路整体测试。

表 3-20 电路整体测试

测试内容	测试结果
连接电动机，先连接电动机侧，再连接电源侧	
闭合断路器 QF1，测量断路器下口的电压	
通过操作控制回路，观察元件动作、电动机运行情况	

3. 故障排查记录

对故障排查过程遇到的故障现象，分析故障原因，提出解决措施，填写表 3-21。

表 3-21 故障排查记录表

序号	故障现象	故障原因	解决措施
1			
2			
3			

（六）评价反馈

（1）工作完成后，需对工作过程、工作结果做出评估，以便学生能对自己的学习、工作状态有一个直观的认识，请学生与教师根据表 3-22 评价反馈记录表中各项，对学生整个工作过程的表现及作品质量做出合理评价并给出得分。

表 3-22　评价反馈记录表

姓名		学号		班级		日期	
学习情境名称			平面磨床自动往返控制电路安装与调试				
一、工作过程					评分等级为 10—9—7—5—3—0		
序号	信息收集			学生自检评分	教师检查评分	对学生自评的评分	
1	资料、文件齐全、整洁						
2	信息内容准确可靠						
3	技能熟练						
	结果（权重系数：0.15）						
序号	计划			学生自检评分	教师检查评分	对学生自评的评分	
1	合理性和可实施性						
2	安全环保						
	结果（权重系数：0.10）						
序号	实施			学生自检评分	教师检查评分	对学生自评的评分	
1	材料准备表						
2	工具的检查						
3	警示牌、安全锁具等防触电措施						
4	个人防护用品的穿戴						
5	工具、仪表的选择与应用						
6	工作中"6S"管理规范的执行情况						
7	安全隐患						
8	组内成员合作情况						
	结果（权重系数：0.40）						

（续表）

序号	检查	学生自检评分	教师检查评分	对学生自评的评分
1	通电前检查			
2	通电检测			
3	设备功能符合要求			
4	检查调试记录完整			
	结果（权重系数：0.30）			

序号	评估	学生自检评分	教师检查评分	对学生自评的评分
1	专业对话			
	结果（权重系数：0.05）			

二、作品检查　　　　　　　　　　　　评分等级为 10—9—7—5—3—0

序号	评分项目	学生自检评分	教师检查评分	对学生自评的评分
1	元器件安装整齐牢固，布局合理			
2	导线布线整齐平直，绝缘层无损坏			
3	导线颜色选择正确、松紧适度，留有合适的余量			
4	导线线径选择合理，线号套管粗细合适			
5	冷压端子选择正确并且与导线压接正确			
6	各接线端子压接牢固、接线数量符合要求			
7	线号套管标记正确、清晰			
8	接线端子、元器件标记正确，位置、大小、方向一致			
	结果			

注：
对学生自评的评分标准，同教师的评分相差：一级得9分
二级得5分
三级得0分

总　评　分

序号	评分组	结果	因子	得分（中间值）	系数	得分
1	工作过程（对学生自评的评分）		1.8		0.2	
2	工作工程（教师检查评分）		1.8		0.3	
3	作品检查（对学生自评的评分）		0.8		0.1	
4	作品检查（教师检查评分）		0.8		0.4	
					总分	

教师签名：_____　　　学生签名：_____

（2）工作完成后，总结工作过程，将内容填写在表 3-23 中。

表 3-23　工作总结报告

情境名称		制作人员	
工作时间		完成时间	
工作地点		检验人员	
工作过程修正记录			
原定计划：		实际实施：	
工作缺陷与改进分析			
工作缺陷：		整改方案：	
工作评价			

四、资料页

（一）中间继电器

1. 中间继电器的规格参数

中间继电器的认识与
应用

中间继电器的规格参数如图 3-17 所示。

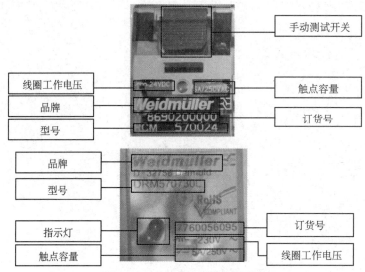

图 3-17　中间继电器的规格参数

2. 中间继电器触点示意图

中间继电器触点示意图如图 3-18 所示。

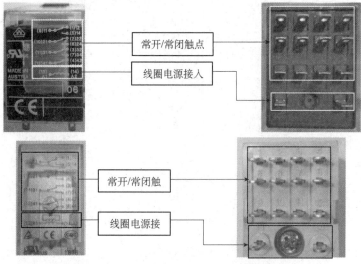

图 3-18　中间继电器触点示意图

3. 中间继电器的组装图示

中间继电器的组装如图 3-19 所示

图 3-19　中间继电器的组装

（二）时间继电器

1. 时间继电器型号含义

时间继电器型号含义如图 3-20 所示。

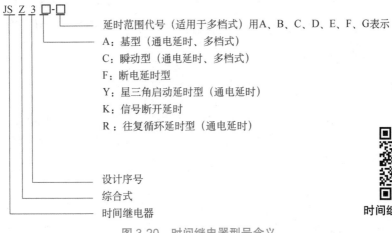

时间继电器的认识与
应用

图 3-20　时间继电器型号含义

2. 时间继电器的选型

时间继电器选型表见表 3-24

表 3-24　时间继电器选型表

型号	JSZ3A	JSZ3C	JSZ3F	JSZ3K	JSZ3Y	JSZ3R
工作方式	通电延时	通电延时带瞬动触点	断电延时	信号断开延时	星形-三角形启动延时	往复循环延时
延时范围	A：(0.05—0.5) s/5s/30s/3min B：(0.1—1) s/10s/60s/ 6min C：(0.5—5) s/50s/ 5min/30min D：(1—10) s/100s/10min/60min E：(5—60) s/10min/60min/6h F：(0.25—2) min/20min/2h/12h G：(0.5—4) min/40min/4h/2 4h	(0.1—1) s (0.5—5) s (1—10) s (2.5—30) s (5—60) s (10—120) s (15—180) s	(0.1—1) s (0.5—5) s (1—10) s (2.5—30) s (5—60) s (10—120) s (15—180) s	(0.1—1) s (0.5—5) s (1—10) s (2.5—30) s (5—60) s (10—120) s (15—180) s	(0.5—6) s/60s (1—10) s/10min (2.5—30) s/30min (5—60) s/60min

（续表）

型号	JSZ3A	JSZ3C	JSZ3F	JSZ3K	JSZ3Y	JSZ3R
工作方式	通电延时	通电延时带瞬动触点	断电延时	信号断开延时	星形-三角形启动延时	往复循环延时
设定方式	电位器					
工作电压	AC50Hz，36V，110V，127V，220V，380V，DC24V		AC50Hz，36V，110V，127V，220V，380V，DC24V	AC50Hz，110V，220V，380V，DC24V	AC50Hz，110V，220V，380V，DC24V	AC50Hz，110V，220V，380V，DC24V
延时精度	≤10%		≤10%	≤10%	≤10%	≤10%
触点数量	延时 2 转换，延时 1 转换，瞬时 1 转换		延时 1 转换或延时 2 转换	延时 1 转换	延时星形-三角形 1 转换	延时 1 转换
触点容量	Ue/le：AC-15 220V/0.75A，380V/0.47A； DC-13 220V/0.27A； Ith：5A					
电寿命	$1*10^5$					
机械寿命	$1*10^6$					
环境温度	−5—+40℃					
安装方式	面板式、装置式、导轨式					
配用底座	面板式：FM8858、CZSO8S、装置式（导轨式）：CZS08X-E					

3. 时间继电器动作时序

时间继电器动作时序图如图 3-21 所示。

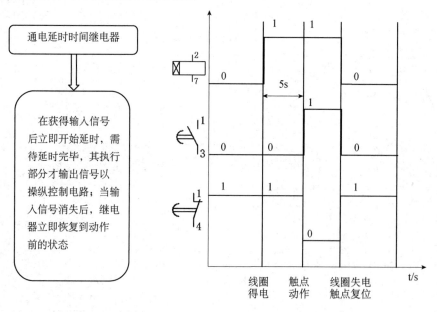

断电延时时间继电器

获得输入信号后，执行部分立即有输出信号；而在输入信号消失后，继电器却需要经过一定的延时，才能恢复到动作前的状态

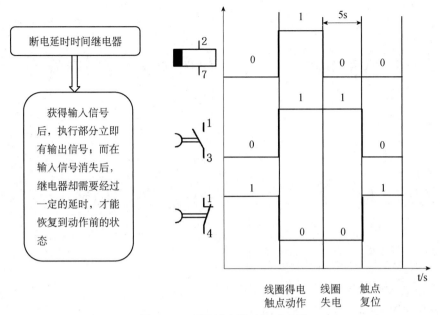

图 3-21　时间继电器动作时序图

学习情境四 大功率风机启动电路安装与调试

一、学习目标

1. 知识目标

（1）了解星形-三角形降压启动的原理。

（2）掌握电动机星形-三角形接线方法。

（3）掌握星形-三角形降压启动主回路的工作原理。

（4）掌握星形-三角形降压启动控制回路的工作原理。

（5）掌握电动机断路器、时间继电器的工作原理。

2. 技能目标

（1）能识读、分析星形-三角形降压启动电气原理图。

（2）能正确应用时间继电器。

（3）能正确应用电动机断路器及其辅助触点。

（4）能正确应用接触器及其辅助触点。

（5）能正确进行电动机星形-三角形降压启动接线。

3. 核心能力目标

（1）能时刻保持对人和设备造成损害的外在环境条件的戒备状态，并及时消除安全隐患，使之形成习惯。

（2）能时刻保持环境整洁，并及时消除环境污染，使之形成习惯。

（3）善于查找资料，熟练应用工具书。

（4）善于独立工作，减少依赖。

（5）心中时刻有团队，团队利益至上，保持同他人或团队合作，共同完成任务。

（6）有效学习，持续学习，学有所用。

二、情境描述

和美陶瓷公司车间安装了一台大功率风机（见图 4-1），现在需要安装风机控制电路并完成功能调试。

1. 工作要求

（1）根据电气原理图分析大功率风机启动的工作原理，确定需要的电气元件。

（2）根据电动机铭牌对主要电气元件进行选型。

（3）正确应用电工工具安装大功率风机启动控制电路，安装工艺符合国家及企业标准。

（4）电路安装完后，应用检测仪表对电路进行绝缘检测及电压检测，使电路具备通电条件。

（5）对电路进行功能调试，使之符合如下控制要求。

图 4-1 大功率风机

①按下启动按钮 SB2，风机电动机以星形接法小电流、小力矩启动，运行 7s 后，切换为三角形接法，正常运转。

②按下停止按钮 SB1，风机停止运行。

③控制电路具有电源指示、三角形运行指示、故障指示功能。

（6）工作过程遵循"6S"现场管理规范。

2. 电气原理图

大功率风机电气原理图如图 4-2 所示。

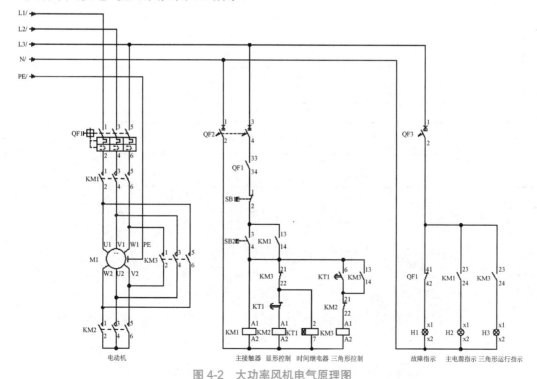

图 4-2 大功率风机电气原理图

三、工作过程

（一）收集信息

1. 工作引导

请在表 4-1 中列举您见过的带计时功能的电器设备，并描述定时器在该设备中的作用。

表 4-1　带计时功能的电器

电器名称	定时器的作用

2. 工作目标分析

（1）查阅资料，写出星形-三角形降压启动的适用条件。

_____

_____

_____

（2）写出星形-三角形降压启动的原理。

_____

_____

_____

（3）根据表 4-2 中的图形，写出电动机的接线方式。

表 4-2　电动机的接线方式

图形	接线方式
W2　U2　V2 U1　V1　W1	
W2　U2　V2 U1　V1　W1	

（4）结合星形-三角形降压启动原理，从表4-3中选择正确的答案填到括号里。

启动时电动机以（ ）接线方式启动，电机（ ）（ ）运行，当电动机电流稳定后，电动机接线由（ ）转换为（ ），电动机启动结束。

表4-3 星形-三角形降压启动过程

名称	低转矩	低电流	星形	三角形	星形
序号	1	2	3	4	5

（5）在图4-3中连线，用接触器主触点将电动机绕组连接为星形接法和三角形接法。

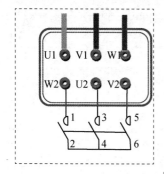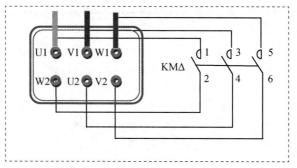

图4-3 星形接法与三角形接法

（6）运用按钮机械互锁知识对星形-三角形降压启动手动控制回路（见图 4-4）进行补图。

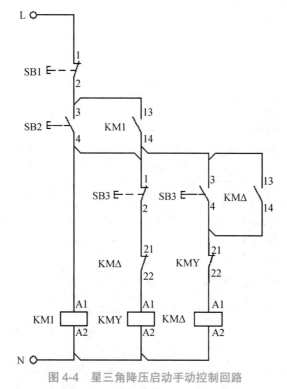

图4-4 星三角降压启动手动控制回路

（7）根据图 4-2 所示大功率风机电气原理图分析接触器 KM2 与 KM3 能否同时得电。

_____

_____

_____

（8）分析图 4-2 所示大功率风机电气原理图中三个指示灯的作用。

_____

_____

_____

（9）请对表 4-4 所列电路动作步骤进行排序。

表 4-4　电路动作步骤

元器件动作	序号
电动机以星形连接方式转动	1
电动机机以三角形连接方式转动	2
电动机停止	3
闭合断路器 QF2、QF3	4
按下启动按钮 SB2	5
按下停止按钮 SB1	6
接触器 KM1、KM2、KT1 线圈得电	7
接触器 KM1 与 KM2 的主触头闭合、KM1 常开辅助触点闭合，形成自锁	8
闭合断路器 QF1	9
KT1 计时结束，延时触点动作	10
接触器 KM2 主触点断开，KM3 主触点闭合	11

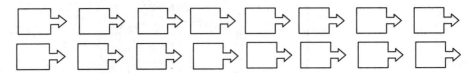

（10）时间继电器的认识与选型。

①将表 4-5 所列时间继电器规格参数的序号填入图 4-5 空格中。

表 4-5　时间继电器规格参数

名称	延时范围	接线图	型号	工作电压	触点容量
序号	1	2	3	4	5

②分析图 4-6 所示时间继电器接线图，并用万用表进行测量，将结果填入表 4-6 中。

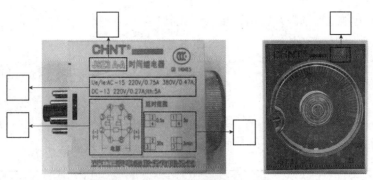

图 4-5　时间继电器

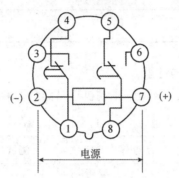

图 4-6　时间继电器接线图

表 4-6　时间继电器接线端子测量

端子号	作用	测量结果
端子 1、3	常开触点	
端子 1、4	常闭触点	
端子 2、7	线圈	

③请将时间继电器的符号与对应的含义连线。

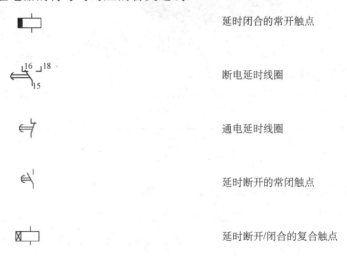

④对时间继电器进行选型，将结果填入表 4-7。

表 4-7　时间继电器选型表

名称	线圈电压	延时时间	延时类型	时间继电器型号

⑤分析图 4-2 所示大功率风机电气原理图，思考时间继电器的作用。

_____

_____

（11）电动机断路器的认识与选型。

①认识电动机断路器，将表 4-8 所示电动机断路器结构的序号填入图 4-7 空格中。

表 4-8　电动机断路器结构

名称	整定电流调节旋钮	启动/停止旋钮	测试开关	进线口	出线口
序号	1	2	3	4	5

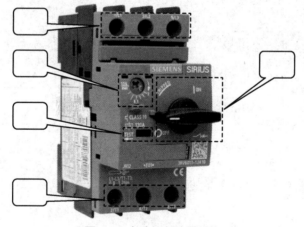

电动机断路器的认识
与应用

图 4-7　电动机断路器结构

②分析电动机断路器在电路中的作用。

_____

_____

③将表 4-9 所列电动机铭牌信息填入表 4-10 中。

表 4-9　电动机铭牌

三相异步电动机			
型号：Y180L-4		出厂编号：0533	
22kW	1440r/min	42.5A	
380V	50Hz　防护等级 IP44	200kg	
B 级绝缘	噪声 LW82db（A）	工作制 S1	接法△
标准编号 JB/T9616-1999		2005/12/01	
中原电机厂			

表 4-10　电动机的规格参数

名称	电动机型号	额定电压	额定电流	工作方式	功率	接线方式	转速
参数							

④对电动机断路器进行选型，结果填入表 4-11 中。

表 4-11　电动机断路器选型

名称	额定电流	额定电压	整定电流范围	电动机断路器型号
参数				

⑤测量电动机断路器，将结果填入表 4-12 中。

表 4-12　电动机断路器测量

测量项目	测量的端子号	万用表挡位选择	测量结果
接通时主触头 1	L1-T1		
接通时主触头 2	L2-T2		
接通时主触头 3	L3-T3		
断开时主触头 1	L1-T1		
断开时主触头 2	L2-T2		
断开时主触头 3	L3-T3		

⑥参照图 4-8 练习电动机断路器辅助触点安装，并写出辅助触点安装时的注意事项。

图 4-8　电动机断路器辅助触点安装

⑦测量电动机断路器辅助触点，将结果填入表 4-13 中。

表 4-13　电动机断路器辅助触点测量

测量项目	万用表挡位选择	测量结果
断路器接通时，辅助触点 33-34 间的电阻测量		
断路器接通时，辅助触点 41-42 间的电阻测量		
断路器断开时，辅助触点 33-34 间的电阻测量		
断路器断开时，辅助触点 41-42 间的电阻测量		

（二）制订计划

进行小组讨论，根据表 4-14 格式制订合理的工作计划，并将内容填入表 4-14 中。

表 4-14　工作计划表

大功率风机启动电路安装与调试工作计划表				
工作步骤	元器件/工具/材料准备清单	组织形式	计划工时	
完成本次任务的重点、难点、风险点识别				
环境保护				
时间：	教师：		学生：	

（三）做出决策

（1）工作计划中有些工作步骤有工艺要求，请填写表 4-15 所示工艺卡，明确工艺要求。

表4-15 工艺卡

名　称		工艺卡			
课程	电气系统安装与调试	情境		姓名	
班级		时间			
序号	工序内容	工艺标准		工具、仪表	备注
1					
2					
3					
4					
5					
6					
7					
8					

（2）进行小组讨论，填写表4-16所示工作计划决策表。

为了保证人身及设备安全，需要教师与学生共同做出决策，如果计划存在较多问题，教师应对学生进行指导，学生对计划进行修改完善。

表 4-16　工作计划决策表

工作任务		小组		时间	
		小组成员			

计划	比较项目						计划确定
	合理性	经济性	可操作性	实施难度	实施时间	安全环保	
第一组	□优 □中 □差	□优 □中 □差	□优 □中 □差	□优 □中 □差	□优 □中 □差	□优 □中 □差	
第二组	□优 □中 □差	□优 □中 □差	□优 □中 □差	□优 □中 □差	□优 □中 □差	□优 □中 □差	
第三组	□优 □中 □差	□优 □中 □差	□优 □中 □差	□优 □中 □差	□优 □中 □差	□优 □中 □差	
第四组	□优 □中 □差	□优 □中 □差	□优 □中 □差	□优 □中 □差	□优 □中 □差	□优 □中 □差	
第五组	□优 □中 □差	□优 □中 □差	□优 □中 □差	□优 □中 □差	□优 □中 □差	□优 □中 □差	
第六组	□优 □中 □差	□优 □中 □差	□优 □中 □差	□优 □中 □差	□优 □中 □差	□优 □中 □差	

计划简要说明：

组长		培训师	

（四）实施计划

1. 材料准备

请填写材料表（见表4-17）并领取材料。

表 4-17　材料表

任务	大功率风机启动电路安装与调试				
序号	名称	规格	单位	数量	备注
1					
2					
3					
4					
5					
6					
7					
8					
9					
10					
11					
12					
13					
14					
15					
16					
17					
18					

2. 工具检查

请正确选择实施计划需要的工具，使用过程中注意工具的维护与保养。请对照工具检查表（见表4-18）对工具进行检查，若有损坏请及时更换。

表 4-18　工具检查表

序号	名称	工具状态是否良好	损坏情况（没有损坏则不填写）
1	剥线钳	是 ○ 否 ○	
2	针型端子压线钳	是 ○ 否 ○	
3	斜口钳	是 ○ 否 ○	
4	十字螺丝刀	是 ○ 否 ○	
5	一字螺丝刀	是 ○ 否 ○	
6	测电笔	是 ○ 否 ○	
7	万用表	是 ○ 否 ○	
8	活扳手	是 ○ 否 ○	
9	钢丝钳	是 ○ 否 ○	
10	锉刀	是 ○ 否 ○	
11	手工锯	是 ○ 否 ○	
12	锁具（安全锁）	是 ○ 否 ○	

注：检查工具绝缘材料是否破损，工具刃口是否损坏，测电笔是否能正常检测，手工锯的锯条是否完好、方向是否正确，工具上面是否有油污，万用表电量是否充足、功能是否正常等

3. 元器件检测

（1）检测接触器，将结果填入表 4-19 中。

表 4-19　接触器检测

检测项目	万用表挡位选择	KM1	KM2	KM3
外观检查				
活动组件的检查				
线圈工作电压				
线圈工作频率				
线圈电阻				
接触器主触头 L1-T1 断开时的电阻测量				
接触器主触头 L1-T1 接通时的电阻测量				
接触器主触头 L2-T2 断开时的电阻测量				
接触器主触头 L2-T2 接通时的电阻测量				
接触器主触头 L3-T3 断开时的电阻测量				
接触器主触头 L3-T3 接通时的电阻测量				
接触器辅助触头 13-14 断开时的电阻测量				
接触器辅助触头 13-14 接通时的电阻测量				

（2）检测时间继电器，将结果填入表 4-20 中。

表 4-20　时间继电器检测

检测项目	万用表挡位选择	KT1
外观检查		
时间继电器线圈的电阻测量		
时间继电器延时闭合触头的电阻测量		
时间继电器延时断开触头的电阻测量		

4. 元件安装

请在图 4-9 所示元件安装布置图中画出元件安装位置并安装元件。

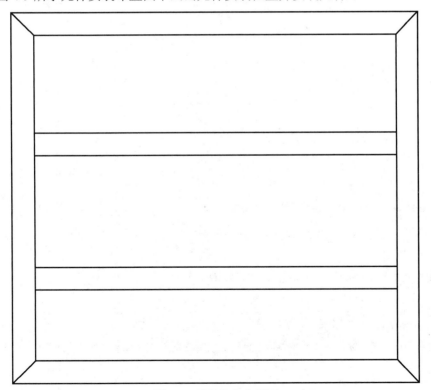

图 4-9　元件安装布置图

5. 电路安装

根据原理图补全图 4-10 所示接线图中的线号并安装电路。

（五）检查控制

1. 通电前检查

（1）根据表 4-21 进行目检。

表 4-21　目检

序号	检查内容	检查结果	附注
1	元器件安装整齐牢固，布局合理	是 ○ 否 ○	
2	导线布线整齐平直，绝缘层无损坏	是 ○ 否 ○	
3	导线颜色选择正确、松紧适度，留有合适的余量	是 ○ 否 ○	
4	导线线径选择合理，线号套管粗细合适	是 ○ 否 ○	
5	冷压端子选择正确且与导线压接正确	是 ○ 否 ○	
6	各接线端子压接牢固且接线数量符合要求	是 ○ 否 ○	
7	线号套管、端子标记条、元器件标签内容正确、清晰	是 ○ 否 ○	
8	线号套管、端子标记条、元器件标签位置、大小、方向一致	是 ○ 否 ○	

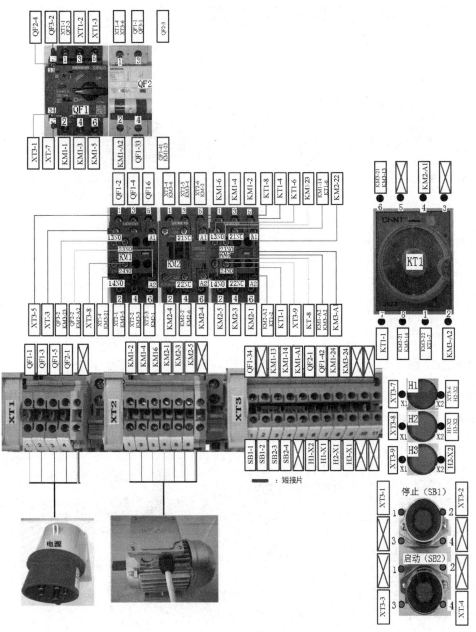

图 4-10　接线图

（2）根据表 4-22 用万用表检测电路。

表 4-22　用万用表检测电路

测量项目（主回路）	万用表挡位选择	测量结果
L1 对地电阻测量		
L2 对地电阻测量		
L3 对地电阻测量		
相间短路测量，L1 与 L2 间的电阻测量		
相间短路测量，L1 与 L3 间的电阻测量		
相间短路测量，L2 与 L3 间的电阻测量		
相间短路测量，手动按下接触器 KM1 时，L1 与 L2 间的电阻测量		
手动按下接触器 KM1 时，L1 与 L3 间的电阻测量		
手动按下接触器 KM1 时，L2 与 L3 间的电阻测量		
L 对地电阻测量		
N 对地电阻测量		

根据测量结果判断线路有无短路情况。若有短路情况，对电路进行检查、处理。

2. 通电检测

为保证人身与设备的安全，要严格执行相关的安全规定。

请在教师的监护下完成此项工作。

（1）根据表 4-23 所列操作步骤，写出通电测试顺序。

表 4-23　操作步骤

操作步骤	序号
闭合断路器 QF1，测量土回路电压	1
闭合断路器 QF2，测量控制回路电压	2
按下启动按钮	3
按下停止按钮	4
闭合断路器 QF3，测试断路器信号反馈，按下断路器 QF1 的测试按钮	5
断开所有断路器开关	6
连接电动机	7
闭合所有断路器开关	8
启动电机测试	9
指示灯 H1 亮，断路器 QF1 信号反馈正常	10
接触器 KM1、KM2 动作，时间继电器 KT1 线圈得电，指示灯 H2 亮	11
接触器 KM3 动作，指示灯 H3 亮	12
时间继电器 KT1 计时结束，延时触头动作	13
通过测试，按下停止按钮	14
电动机以星形连接方式启动	15
调节时间继电器的整定时间（7s）	16
电动机停止运行	17
7s 后 KT1 动作，电动机以三角形连接方式运行	18

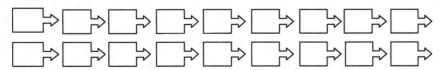

（2）根据表 4-24 所示测量电源电压。

表 4-24 电源电压测量

回路	序号	测量点 1	测量点 2	测量值/V	测量值是否符合要求
主回路电源电压测量	1	L1	L2		是 ○　否 ○
	2	L2	L3		是 ○　否 ○
	3	L1	L3		是 ○　否 ○
	4				是 ○　否 ○
	5				是 ○　否 ○
	6				是 ○　否 ○
	7				是 ○　否 ○
控制回路电源电压测量	1	L1	N		是 ○　否 ○
	2				是 ○　否 ○
	3				是 ○　否 ○
	4				是 ○　否 ○
	5				是 ○　否 ○

3. 故障排查记录

对故障排查过程遇到的故障现象，分析故障原因，提出解决措施，填写表 4-25。

表 4-25 故障排查记录表

序号	故障现象	故障原因	解决措施
1			
2			
3			
4			
5			
6			

（六）评价反馈

（1）工作完成后，需对工作过程、工作结果做出评估，以便学生能对自己的学习、工作状态有一个直观的认识，请学生与教师根据表 4-26 评价反馈记录表中各项，对学生整个工作过程的表现及作品质量做出一个合理评价并给出得分。

表 4-26　评价反馈记录表

姓名		学号		班级		日期	
学习情境名称			大功率风机启动电路安装与调试				
一、工作过程				评分等级为 10—9—7—5—3—0			
序号	信息收集			学生自检评分		教师检查评分	对学生自评的评分
1	资料、文件齐全、整洁						
2	信息内容准确可靠						
3	技能熟练						
结果（权重系数：0.15）							
序号	计划			学生自检评分		教师检查评分	对学生自评的评分
1	合理性和可实施性						
2	安全环保						
结果（权重系数：0.10）							
序号	实施			学生自检评分		教师检查评分	对学生自评的评分
1	材料准备表						
2	工具的检查						
3	警示牌、安全锁具等防触电措施						
4	个人防护用品的穿戴						
5	工具、仪表的选择与应用						
6	工作中"6S"管理规范的执行情况						
7	安全隐患						
8	组内成员合作情况						
结果（权重系数：0.40）							
序号	检查			学生自检评分		教师检查评分	对学生自评的评分
1	通电前检查						
2	通电检测						
3	设备功能符合要求						

序号	检查	学生自检评分	教师检查评分	对学生自评的评分
4	检查调试记录完整			
	结果（权重系数：0.30）			

序号	评估	学生自检评分	教师检查评分	对学生自评的评分
1	专业对话			
	结果（权重系数：0.05）			

二、作品检查　　　　　　　　　　　　　　　　　评分等级为 10—9—7—5—3—0

序号	评分项目	学生自检评分	教师检查评分	对学生自评的评分
1	元器件安装整齐牢固，布局合理			
2	导线布线整齐平直，绝缘层无损坏			
3	导线颜色选择正确、松紧适度，留有合适的余量			
4	导线线径选择合理，线号套管粗细合适			
5	冷压端子选择正确并且与导线压接正确			
6	各接线端子压接牢固、接线数量符合要求			
7	线号套管标记正确、清晰			
8	接线端子、元器件标记正确，位置、大小、方向一致			
	结果			

注：
对学生自评的评分标准，同教师的评分相差：　一级得 9 分
　　　　　　　　　　　　　　　　　　　　　　二级得 5 分
　　　　　　　　　　　　　　　　　　　　　　三级得 0 分

总　评　分

序号	评分组	结果	因子	得分（中间值）	系数	得分
1	工作过程（对学生自评的评分）		1.8		0.2	
2	工作工程（教师检查评分）		1.8		0.3	
3	作品检查（对学生自评的评分）		0.8		0.1	
4	作品检查（教师检查评分）		0.8		0.4	
					总分	

教师签名：＿＿＿＿＿＿＿＿　　　　　学生签名：＿＿＿＿＿＿＿

（2）工作完成后，总结工作过程，将内容填写在表 4-27 中。

表 4-27　工作总结报告

情境名称		制作人员	
工作时间		完成时间	
工作地点		检验人员	
工作过程修正记录			
原定计划：		实际实施：	
工作缺陷与改进分析			
工作缺陷：		整改方案：	
工作评价			

四、资料页

1. 钳形万用表的结构

钳形万用表的结构如图 4-11 所示。

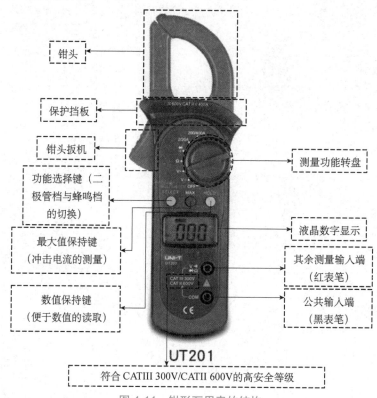

图 4-11　钳形万用表的结构

2. CAT 等级

如图 4-12 所示，根据国际电子电工委员会 IEC1010-1 的定义，把工业工作的区域分为四个等级，分别是 CATI、CATII、CATIII、CATIV，每个等级定义不同。

CATI：电子设备负载。

CATII：单项接收的负载，电气设备负载。

CATIII：三相电的配电，分配端，包括单项照明电。

CATIV：三相电落地的总输入/接入端口，任何在户外的导体。

在 CATI、CATII 区域里，最高受到 600V 的电压冲击，仪器不会对人体安全产生威胁。

为确保安全地应用测试仪器，IEC60664 按照不同测试场合建立了 CATI～CATIV 安全等级标准。CAT 的等级越高，表明仪器在此电气环境下能承受的瞬间过电压的能力越大。必须避免在 CAT 等级要求高的电气环境应用低等级的测试仪器，否则对人员和仪器的安全极为不利，甚至产生严重的后果。

CATI：在变压器或类似设备的二次电气线路端进行测试。

CATII：对通过电源线连接到电源插座的用电设备的一次电气线路进行测试。

CATIII：对直接连接到配电设备的大型用电设备（固定设备）的一次线路及配电设备到插座之间的电力线路进行测试。

CATIV：任何室外供电线路或设备的测试。

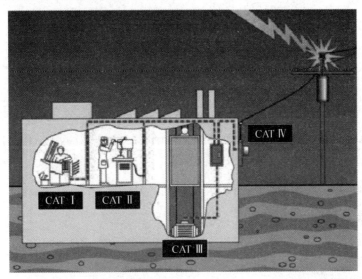

图 4-12 CAT 等级

3. 钳形万用表的使用方法

（1）如图 4-13 所示，测量前应先估计被测电流的大小，选择合适量程。若无法估计，为防止损坏钳形万用表，应从最大量程开始测量，逐步变换挡位直至量程合适。改变量程时应将钳形万用表的钳口断开。

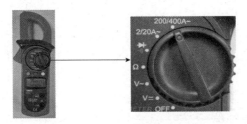

图 4-13 钳形万用表挡位选择

（2）如图 4-14 所示，为减小误差，测量时被测导线应尽量位于钳口的中央。

图 4-14 被测导线位置

（3）如图 4-15 所示，测量时，钳形万用表的钳口应紧密接合，若显示数值持续跳动，可重新开闭一次钳口，如果数值仍然不稳定，应仔细检查钳口，注意清除钳口杂物、污垢，然后再进行测量。

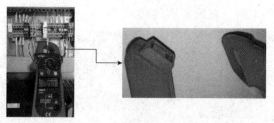

图 4-15　钳形万用表钳口

（4）如图 4-16 所示，如果需要测试电动机的启动电流，应在以上步骤的基础上按下"MAX"键后再启动电动机。

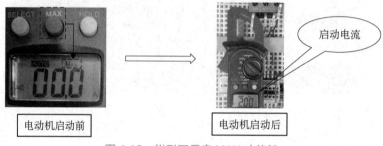

图 4-16　钳形万用表 MAX 功能键

学习情境五　排污泵设备安装与调试

一、学习目标

1. 知识目标

（1）了解手动控制与自动控制的概念。

（2）掌握浮球开关的工作原理。

（3）熟练掌握旋钮开关的工作原理。

2. 技能目标

（1）能识读、分析排污泵设备电气原理图。

（2）能正确应用浮球开关。

（3）能正确应用旋钮开关。

（4）能对综合性电路进行故障排查。

3. 核心能力目标

（1）能时刻保持对人和设备造成损害的外在环境条件的戒备状态，并及时消除安全隐患，使之形成习惯。

（2）能时刻保持环境整洁，并及时消除环境污染，使之形成习惯。

（3）善于查找资料，熟练应用工具书。

（4）善于独立工作，减少依赖。

（5）心中时刻有团队，团队利益至上，保持同他人或团队合作，共同完成任务。

（6）有效学习，持续学习，学有所用。

（7）理解事物内在的逻辑关系，善于分析问题和解决问题。

二、情境描述

迅捷公司中央空调机房的负一层加装了排污泵（见图 5-1），请您根据电气原理图安装电路，并完成设备的功能调试。

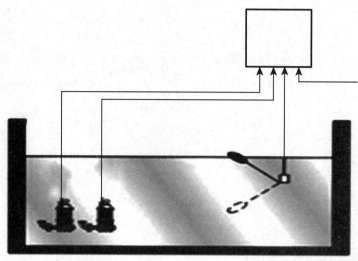

图 5-1　排污泵

1. 工作要求

（1）根据电气原理图分析排污泵设备的工作原理，确定需要的电气元件。

（2）根据电动机铭牌对主要电气元件进行选型。

（3）正确应用电工工具安装排污泵设备控制电路，安装工艺符合国家及企业标准。

（4）电路安装完后，应用检测仪表对电路进行绝缘检测及电压检测，使电路具备通电条件。

（5）对电路进行功能调试，使之符合如下控制要求。

①手动模式下，按下启动按钮 SB2，泵 1 启动，按下停止按钮 SB1，泵 1 停止；按下启动按钮 SB4，泵 2 启动，按下停止按钮 SB3，泵 2 停止。

②自动模式下，按下启动按钮 SB6，泵 1 启动，延时 10s 后，泵 2 启动；当浮球开关 S10 低位动作时泵 2 停止，当水位上涨，浮球开关高位动作时，泵 2 再次启动，随着水位的变化，泵 2 自动启停；按下停止按钮 SB5，泵 1、泵 2 均停止。

（6）工作过程遵循"6S"现场管理规范。

2. 电气原理图

排污泵设备电气原理图见图 5-2。

三、工作过程

（一）收集信息

1. 工作引导

（1）请分别描述图 5-3 中两种不同类型洗衣机的操作步骤。

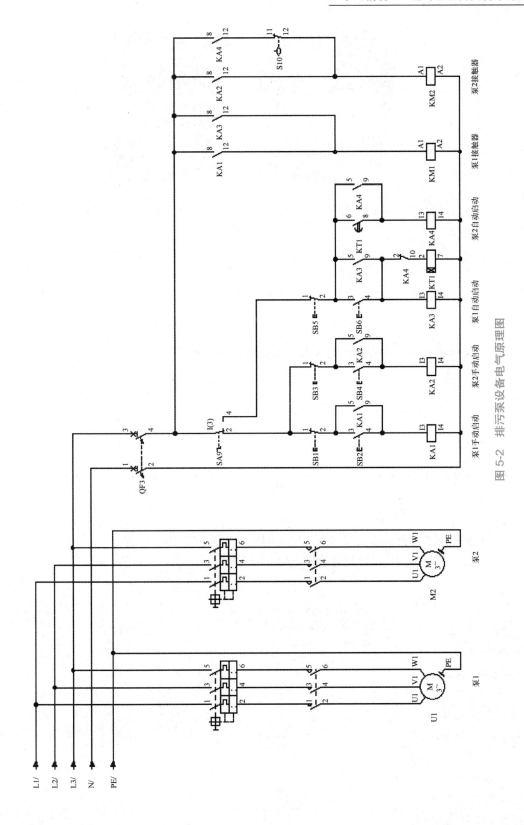

图 5-2　排污泵设备电气原理图

(a) 半自动洗衣机 (b) 全自动洗衣机

图 5-3 洗衣机

（2）为方便应用，您身边哪些设备可升级为自动控制？

2. 工作目标分析

（1）根据图 5-2 所示排污泵设备电气原理图，对电路动作步骤进行排序。

①对表 5-1 中手动控制动作步骤进行排序。

表 5-1 手动控制动作步骤

手动控制动作步骤	序号
电动机 M1 转动	1
电动机 M2 停止	2
电动机 M2 转动	3
电动机 M1 停止	4
按下启动按钮 SB4	5
按下停止按钮 SB3	6
闭合断路器 QF1、QF2	7
按下启动按钮 SB2	8
按下停止按钮 SB1	9
接触器 KM1 线圈得电	10

（续表）

手动控制动作步骤	序号
接触器 KM1 主触头闭合	11
接触器 KM2 线圈得电	12
接触器 KM2 主触头闭合	13
继电器 KA1 线圈得电	14
继电器 KA2 线圈得电	15
KA1 继电器常开触点闭合	16
KA2 继电器常开触点闭合	17
将手自动开关拨至手动位置	18
继电器 KA1 线圈失电	19
继电器 KA2 线圈失电	20
闭合断路器 QF3	21
接触器 KM1 线圈失电	22
接触器 KM2 线圈失电	23

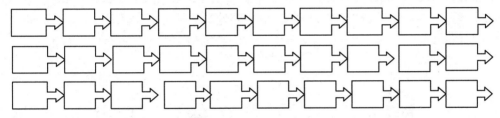

②对表 5-2 中自动控制动作步骤进行排序。

表 5-2　自动控制动作步骤

自动控制动作步骤	序号
电动机 M1 转动	1
电动机 M2 停止	2
电动机 M2 转动	3
电动机 M1 停止	4
按下启动按钮 SB6	5
按下停止按钮 SB5	6
闭合断路器 QF1、QF2	7
闭合断路器 QF3	8
时间继电器 KT1 线圈得电，开始计时	9
接触器 KM1 线圈得电	10
接触器 KM1 主触头闭合	11

（续表）

自动控制动作步骤	序号
接触器 KM2 线圈得电	12
接触器 KM2 主触头闭合	13
继电器 KA3 线圈得电，常开触点闭合	14
继电器 KA4 线圈得电，常开触点闭合	15
时间继电器计时结束，延时常开闭合	16
当浮球开关 S10 闭合时	17
将手自动开关拨至自动位置	18
当浮球开关 S10 断开时	19
时间继电器 KT1 线圈失电	20

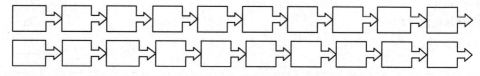

（2）根据图 5-4 所示浮球开关示意图，分析浮球开关的工作原理。

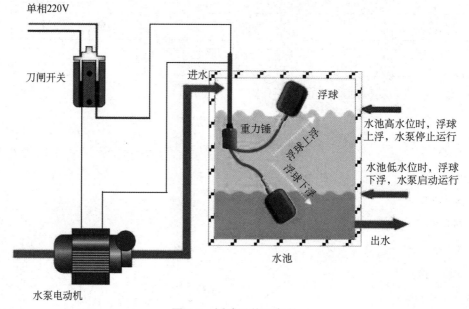

图 5-4　浮球开关示意图

_____

_____

_____

（3）旋钮开关的认识与测量。

①参照图 5-5、图 5-6 练习旋钮开关的组装。

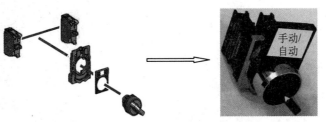

图 5-5　旋钮开关组装图

②区分 2 位与 3 位旋钮开关（见图 5-7）。

③思考 2 位旋钮开关与 3 位旋钮开关的区别（触点的动作）。

_____

_____

_____

④对不同状态下的旋钮开关触点进行测量，掌握旋钮开关的工作原理及触点的应用，并将测量数值填入表 5-3、表 5-4 中。

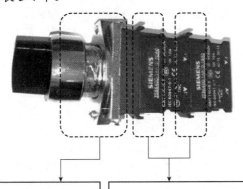

旋扭头与底座在组装时要注意凹槽的衔接，拆卸原理相同

安装触点时要将触点两端的卡齿安装到位，拆卸时用一字螺丝刀撬动任意一端的卡齿即可

图 5-6　旋钮开关组装注意事项

(a) 2 位旋钮开关　　　　　　(b) 3 位旋钮开关

图 5-7　旋钮开关

表 5-3　2 位旋钮开关

触点名称		图示
手动状态阻值测量		
自动状态阻值测量		

表 5-4　3 位旋钮开关

触点名称		图示
手动状态阻值测量		
停止状态阻值测量		
自动状态阻值测量		

（4）根据表 5-5 所示电动机铭牌，对主要元器件进行选型。

表 5-5　电动机铭牌

三相异步电动机				
型号 Y100L2-4		50Hz	接线图	
3kW	220/380V	接法 △ /Y		
6.8A	转速 1430r/min	工作制 S1		
绝缘等级 B		防护等级 IP44		
噪声级 Lw60dB（A）		质量 38kg		
编号 001258	2018 年 9 月	JB/T9616-1999		
中华人民共和国**电机厂				

①对接触器进行选型，结果填入表 5-6 中。

表 5-6　接触器选型

接触器型号	接触器额定电流	线圈电压

②对接触器进行选型，结果填入表 5-7 中。

表 5-7　电动机断路器选型

电动机断路器型号	额定电流	脱扣器整定范围

（二）制订计划

进行小组讨论，根据表 5-8 所示格式制订合理的工作计划，并将内容填入表 5-8 中。

表 5-8　工作计划表

排污泵设备安装与调试工作计划表			
工作步骤	元器件/工具/材料准备清单	组织形式	计划工时
完成本次任务的重点、难点、风险点识别			
环境保护			
时间：	教师：		学生：

（三）做出决策

（1）工作计划中有些工作步骤有工艺要求，请填写表 5-9 所示工艺卡，明确工艺要求。

表 5-9 工艺卡

名　称				工艺卡			
课程			情境			姓名	
班级	电气系统安装与调试		时间				
序号	工序内容		工艺标准			工具、仪表	备注
1							
2							
3							
4							
5							
6							
7							
8							

（2）进行小组讨论，填写表 5-10 所示工作计划决策表。

为了保证人身及设备安全，需要教师与学生共同做出决策，如果计划存在较多问题，教师应对学生进行指导，学生对计划进行修改完善。

表 5-10　工作计划决策表

工作任务		小组		时间	
		小组成员			
计划	比较项目						计划确定
	合理性	经济性	可操作性	实施难度	实施时间	安全环保	
第一组	□优 □中 □差	□优 □中 □差	□优 □中 □差	□优 □中 □差	□优 □中 □差	□优 □中 □差	
第二组	□优 □中 □差	□优 □中 □差	□优 □中 □差	□优 □中 □差	□优 □中 □差	□优 □中 □差	
第三组	□优 □中 □差	□优 □中 □差	□优 □中 □差	□优 □中 □差	□优 □中 □差	□优 □中 □差	
第四组	□优 □中 □差	□优 □中 □差	□优 □中 □差	□优 □中 □差	□优 □中 □差	□优 □中 □差	
第五组	□优 □中 □差	□优 □中 □差	□优 □中 □差	□优 □中 □差	□优 □中 □差	□优 □中 □差	
第六组	□优 □中 □差	□优 □中 □差	□优 □中 □差	□优 □中 □差	□优 □中 □差	□优 □中 □差	
计划简要说明：							
组长			教师				

（四）实施计划

1. 材料准备

请填写材料表（见表 5-11）并领取材料。

表 5-11　材料表

任务	排污泵设备安装与调试				
序号	名称	规格	单位	数量	备注
1					
2					
3					
4					
5					
6					
7					
8					
9					
10					
11					
12					
13					
14					
15					
16					
17					
18					

2. 工具检查

请正确选择实施计划需要的工具，使用过程中注意工具的维护与保养。请对照工具检查表（见表5-12）对工具进行检查，若有损坏请及时更换。

表 5-12　工具检查表

序号	名称	工具状态是否良好	损坏情况（没有损坏则不填写）
1	剥线钳	是 ○ 否 ○	
2	针型端子压线钳	是 ○ 否 ○	
3	斜口钳	是 ○ 否 ○	
4	十字螺丝刀	是 ○ 否 ○	
5	一字螺丝刀	是 ○ 否 ○	
6	测电笔	是 ○ 否 ○	
7	万用表	是 ○ 否 ○	
8	活扳手	是 ○ 否 ○	
9	钢丝钳	是 ○ 否 ○	
10	锉刀	是 ○ 否 ○	
11	手工锯	是 ○ 否 ○	
12	锁具（安全锁）	是 ○ 否 ○	

注：检查工具绝缘材料是否破损，工具刃口是否损坏，测电笔是否能正常检测，手工锯的锯条是否完好、方向是否正确，工具上面是否有油污，万用表电量是否充足、功能是否正常等

3. 元器件检测

（1）检测接触器，将结果填入表 5-13 中。

表 5-13　接触器检测

检测项目	万用表挡位选择	检查结果（KM1/KM2）
外观检查		
活动组件的检查		
线圈的工作电压		
线圈的工作频率		
线圈的电阻		
接触器主触头 L1-T1 断开时的电阻测量		
接触器主触头 L1-T1 接通时的电阻测量		
接触器主触头 L2-T2 断开时的电阻测量		
接触器主触头 L2-T2 接通时的电阻测量		
接触器主触头 L3-T3 断开时的电阻测量		
接触器主触头 L3-T3 接通时的电阻测量		
接触器辅助触头 13-14 断开时的电阻测量		
接触器辅助触头 13-14 接通时的电阻测量		

（2）检测电动机断路器，将结果填入表 5-14 中。

表 5-14　电动机断路器检测

检测项目	万用表挡位选择	检查结果（QF1/QF2）
外观检查		
断路器断开时触点 1-2 间的电阻测量		
断路器断开时触点 3-4 间的电阻测量		
断路器断开时触点 5-6 间的电阻测量		
断路器闭合时触点 1-2 间的电阻测量		
断路器闭合时触点 3-4 间的电阻测量		
断路器闭合时触点 5-6 间的电阻测量		

（3）检测中间继电器，将结果填入表 5-15 中。

表 5-15　中间继电器检测

检测项目	万用表挡位选择	检查结果（KA1/KA2/KA3/KA4）			
外观检查					
线圈的工作电压					
线圈的电阻					
常开触点间电阻的测量（8-12，5-9）					
常闭触点间电阻的测量（2-10）					

（4）检测时间继电器，将结果填入表 5-16 中。

表 5-16　时间继电器检测

检测项目	万用表挡位选择	检查结果
外观检查		
活动组件的检查		
线圈的工作电压		
线圈的电阻		
延时闭合常开触点间的电阻测量		
延时断开常闭触点间的电阻测量		

4. 元件安装

请在图 5-8 所示元件安装布置图中画出元件安装位置并安装元件。

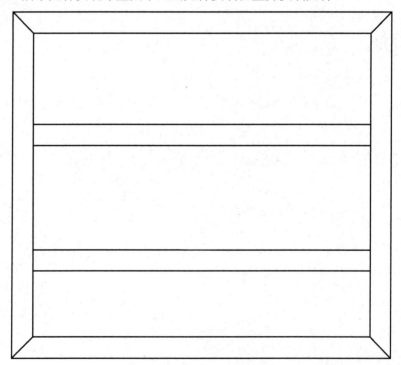

图 5-8　元件安装布置图

5. 电路安装

根据原理图补全图 5-9 所示接线图中的线号并安装电路。

（五）检查控制

1. 通电前检查

（1）根据表 5-17 所示进行目检。

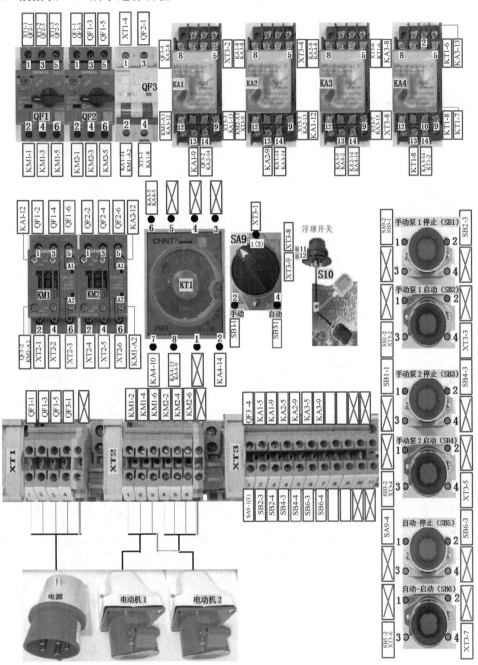

图 5-9　接线图

表 5-17　目检

序号	检查内容	检查结果	附注
1	元器件安装整齐牢固，布局合理	是 ○ 否 ○	
2	导线布线整齐平直，绝缘层无损坏	是 ○ 否 ○	
3	导线颜色选择正确、松紧适度，留有合适的余量	是 ○ 否 ○	
4	导线线径选择合理，线号套管粗细合适	是 ○ 否 ○	
5	冷压端子选择正确且与导线压接正确	是 ○ 否 ○	
6	各接线端子压接牢固且接线数量符合要求	是 ○ 否 ○	
7	线号套管、端子标记条、元器件标签内容正确、清晰	是 ○ 否 ○	
8	线号套管、端子标记条、元器件标签位置、大小、方向一致	是 ○ 否 ○	

（2）根据表 5-18 用万用表检测电路。

表 5-18　用万用表检测

测量项目（主回路）	万用表挡位选择	测量结果
L1 对地电阻测量		
L2 对地电阻测量		
L3 对地电阻测量		
相间短路测量，L1 与 L2 间的电阻测量		

（续表）

测量项目（主回路）	万用表挡位选择	测量结果
相间短路测量，L1 与 L3 间的电阻测量		
相间短路测量，L2 与 L3 间的电阻测量		
手动按下接触器 KM1 时，L1 与 L2 间的电阻测量		
手动按下接触器 KM1 时，L1 与 L3 间的电阻测量		
手动按下接触器 KM1 时，L2 与 L3 间的电阻测量		
手动按下接触器 KM2 时，L1 与 L2 间的电阻测量		
手动按下接触器 KM2 时，L1 与 L3 间的电阻测量		
手动按下接触器 KM2 时，L2 与 L3 间的电阻测量		
L 对地电阻测量		
N 对地电阻测量		

根据测量结果判断线路有无短路情况。若有短路情况，对电路进行检查、处理。

2. 通电检测

为保证人身与设备安全，要严格执行相关安全规定。

请在教师的监护下完成此项工作。

（1）根据表 5-19 所列操作步骤，写出正确的通电测试顺序。

表 5-19　操作步骤

序号	操作步骤
1	闭合主回路电源 QF1、QF2
2	闭合控制回路电源 QF3
3	接主电源线
4	接电动机线
5	将旋钮开关拨至自动位置
6	将旋钮开关拨至手动位置
7	按下启动按钮 SB2，测试电动机 1
8	按下启动按钮 SB4，测试电动机 2
9	按下停止按钮 SB1，电动机 1 停止
10	按下停止按钮 SB3，电动机 2 停止
11	手动功能正常
12	继电器 KA4 线圈得电
13	自动功能正常
14	按下启动按钮 SB6
15	电动机 1 启动，时间继电器计时
16	继电器 KA4 常闭触点断开，时间继电器线圈失电
17	时间继电器计时结束，延时常开触点闭合
18	通过拨动浮球开关 S10，模拟测试水位对电动机 2 的控制

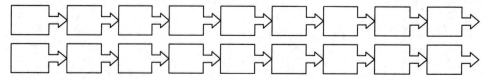

（2）根据表 5-20 所示测量电源电压。

表 5-20　电源电压测量

回路	序号	测量点 1	测量点 2	测量值	测量值是否符合要求
主回路电源电压测量	1	L1	L2		是 ○　否 ○
	2	L2	L3		是 ○　否 ○
	3	L1	L3		是 ○　否 ○
	4				是 ○　否 ○
	5				是 ○　否 ○
	6				是 ○　否 ○
	7				是 ○　否 ○

（续表）

回路	序号	测量点 1	测量点 2	测量值	测量值是否符合要求
控制回路电源电压测量	1	L1	N		是 〇　　否 〇
	2				是 〇　　否 〇
	3				是 〇　　否 〇
	4				是 〇　　否 〇
	5				是 〇　　否 〇
	6				是 〇　　否 〇

3. 故障排查记录

对故障排查遇到的故障现象，分析故障原因，提出解决措施，填写表 5-21。

表 5-21　故障排查记录表

序号	故障现象	故障原因	解决措施
1			
2			
3			
4			
5			

（六）评价反馈

（1）工作完成后，需对工作过程、工作结果做出评估，以便学生能对自己的学习、工作状态有一个直观的认识，请学生与教师根据表 5-22 评价反馈记录表中各项，对学生整个工作过程的表现及作品质量做出一个合理评价并给出得分。

表 5-22 评价反馈记录表

姓名		学号		班级		日期	
学习情境名称		排污泵设备安装与调试					

一、工作过程			评分等级为 10—9—7—5—3—0		
序号	信息收集		学生自检评分	教师检查评分	对学生自评的评分
1	资料、文件齐全、整洁				
2	信息内容准确可靠				
3	技能熟练				
	结果（权重系数：0.15）				
序号	计划		学生自检评分	教师检查评分	对学生自评的评分
1	合理性和可实施性				
2	安全环保				
	结果（权重系数：0.10）				
序号	实施		学生自检评分	教师检查评分	对学生自评的评分
1	材料准备表				
2	工具的检查				
3	警示牌、安全锁具等防触电措施				
4	个人防护用品的穿戴				
5	工具、仪表的选择与应用				
6	工作中"6S"管理规范的执行情况				
7	安全隐患				
8	组内成员合作情况				
	结果（权重系数：0.40）				

（续表）

序号	检查	学生自检评分	教师检查评分	对学生自评的评分
1	通电前检查			
2	通电检测			
3	设备功能符合要求			
4	检查调试记录完整			
	结果（权重系数：0.30）			

序号	评估	学生自检评分	教师检查评分	对学生自评的评分
1	专业对话			
	结果（权重系数：0.05）			

二、作品检查　　　　　　　　　　　　　评分等级为 10—9—7—5—3—0

序号	评分项目	学生自检评分	教师检查评分	对学生自评的评分
1	元器件安装整齐牢固，布局合理			
2	导线布线整齐平直，绝缘层无损坏			
3	导线颜色选择正确、松紧适度，留有合适的余量			
4	导线线径选择合理，线号套管粗细合适			
5	冷压端子选择正确并且与导线压接正确			
6	各接线端子压接牢固、接线数量符合要求			
7	线号套管标记正确、清晰			
8	接线端子、元器件标记正确，位置、大小、方向一致			
	结果			

注：
对学生自评的评分标准，同教师的评分相差：　一级得9分
　　　　　　　　　　　　　　　　　　　　二级得5分
　　　　　　　　　　　　　　　　　　　　三级得0分

总 评 分

序号	评分组	结果	因子	得分（中间值）	系数	得分
1	工作过程（对学生自评的评分）		1.8		0.2	
2	工作工程（教师检查评分）		1.8		0.3	
3	作品检查（对学生自评的评分）		0.8		0.1	
4	作品检查（教师检查评分）		0.8		0.4	
				总分		

教师签名：_____　　　学生签名：_____

（2）工作完成后，总结工作过程，将内容填写在表 5-23 中。

表 5-23　工作总结报告

情境名称			制作人员	
工作时间			完成时间	
工作地点			检验人员	
工作过程修正记录				
原定计划：			实际实施：	
工作缺陷与改进分析				
工作缺陷：			整改方案：	
工作评价				

四、资料页

1. 相序检测仪的结构

相序检测仪的结构如图 5-10

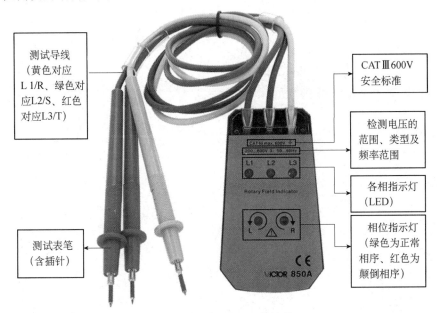

测试导线
（黄色对应
L 1/R、绿色对
应L2/S、红色
对应L3/T）

测试表笔
（含插针）

CAT Ⅲ 600V
安全标准

检测电压的
范围、类型及
频率范围

各相指示灯
（LED）

相位指示灯
（绿色为正常
相序、红色为
颠倒相序）

图 5-10　相序检测仪的结构

2. 相序检测仪的使用方法

如图 5-11 所示，将相序检测仪的表笔按照黄、绿、红的顺序接触被测电源，观察表头的指示灯，如果 R 灯亮为正常相序，如果 L 灯亮为颠倒相序。

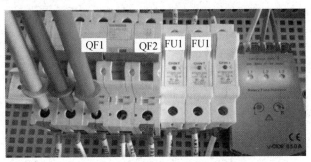

相序检测仪的使用

图 5-11　相序检测仪的使用方法